数字化转型下的RPA实践

廖万里 陈华政 邓荣峰 赵曦 熊君丽 曾庆斌 屈文浩 编著

清華大学出版社
北 京

内 容 简 介

本书以企业面临的数字化转型的大趋势为契机，探讨了在产业互联网时代数字化对产业的深度渗透，新技术如何赋能企业数字化转型的问题，详细介绍了RPA解决方案如何在企业中得到应用，通过各行业标杆客户的真实上线场景和创新应用，真正助力企业数字化转型落地。本书语言平实，内容精练，注重干货，言之有物。

本书适合刚入门或想学习了解RPA产品技术的学生、爱好者，RPA项目实施的业务和技术人员，RPA产品研发技术人员，大数据和人工智能从业者以及对数字化转型感兴趣的读者阅读。

图书在版编目(CIP)数据

数字化转型下的RPA实践 / 廖万里等编著 . —北京：清华大学出版社，2023.2 (2023.11重印)
ISBN 978-7-302-62792-0

Ⅰ. ①数… Ⅱ. ①廖… Ⅲ. ①智能机器人 Ⅳ. ① TP242.6

中国国家版本馆CIP数据核字(2023)第022247号

责任编辑：付潭娇　刘志彬
封面设计：梁思敏
版式设计：方加青
责任校对：宋玉莲
责任印制：沈　露

出版发行：清华大学出版社
网　　址：https://www.tup.com.cn，https://www.wqxuetang.com
地　　址：北京清华大学学研大厦A座　　**邮　　编：**100084
社 总 机：010-83470000　　**邮　　购：**010-62786544
投稿与读者服务：010-62776969，c-service@tup.tsinghua.edu.cn
质 量 反 馈：010-62772015，zhiliang@tup.tsinghua.edu.cn
印 装 者：三河市人民印务有限公司
经　　销：全国新华书店
开　　本：185mm×260mm　　**印　　张：**12.25　　**字　　数：**230千字
版　　次：2023年2月第1版　　**印　　次：**2023年11月第2次印刷
定　　价：79.00元

产品编号：097845-01

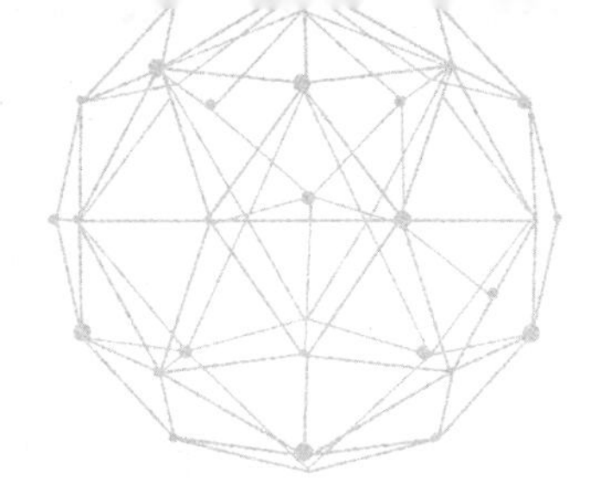

序　言

当前，世界正在进入一个全新的数字时代，全球主要发达国家将数字经济作为经济发展的重要战略，并不断加强数字技术创新以保持国际竞争优势。与此同时，中国也将数字经济提升到战略级别，高度重视发展数字经济，大力推动5G、人工智能、工业互联网、物联网等新型基础设施建设，为产业链升级和现代化产业体系建设提供了新的技术路线，推动了产业数字化和数字产业化的快速发展。纵观当下，数字化正逐步渗透在各行各业的转型升级中，各行业利用新一代数字技术，以数据为关键要素，以价值释放为核心，以数据赋能为主线，对产业进行全要素数字化升级、转型和再造的过程，加快了产业迈向数字化转型的步伐。

进入数字时代，数字技术不仅改变了我们的沟通、消费以及生产信息的方式，同时也改变了企业的运营方式。借助数字化转型，企业能够有效提升企业的经济效益、运营能力以及营销能力。企业通过采用数字化工具，可以改善运营效率和生产效率，在一定程度上实现降本增效。除此之外，数字化转型还可以为企业实现更灵活的运营机制，通过对企业运营管理机制、沟通路径以及业务运营管理逻辑的智能管控，优化沟通层级并提高响应效率。同时，企业的营销能力也会得到提升，通过构建多元化业务营销机制和线上管控营销数据，加强企业对营销的布局能力。

企业数字化转型的本质是提质降本增效，需要协同业务战略进行有规划的转型，而不是追求眼前效益的战术。为了达成这个目标，企业可以通过将数字技术应用到企业的战略和业务目标以优化企业运营模式，提高业务流程自动化水平。而RPA（robotic process automation，机器人流程自动化）因具备全天候自动执行和零错误率的特性，对业务自动化提升效果显著，近年来备受越来越多的行业、企业青睐。

RPA也叫“数字员工”，是在人工智能和UI界面自动化操纵技术的基础上建立的、依据预先设定的脚本程序与现有用户系统进行交互并完成预期任务的技术。RPA可以将重复性高、规则性强的业务流程轻松实现自动化，支持7×24小时不间断工作，非侵入的部署方式使得企业无需对现有系统进行改造，能够随企业需求而变，及时响应业务需求，实现企业流程端到端自动化。早在2009年的时候，金智维就开始对自动化技术进行探索钻研，并逐步形成自己的经验优势。金智维的核心团队由IT领域资深专家、金融交易的全栈型开发骨干以及人工智能领域研发队伍组成，这赋予了金智维雄厚的技术实力和产品创新能力，在全国范围内率先研发出具有自主知识产权的企业级RPA产品。经过十多年在RPA

领域的研究技术和经验沉淀，金智维更能洞察用户痛点，为用户打造专业的 RPA 解决方案，提供安全、稳定、可靠的 RPA 产品。目前金智维 RPA 产品用户已覆盖金融、教育、制造、房地产、医疗、电力、通信等行业，特别是作为金融行业企业级 RPA 的领航者，在多个金融行业细分领域，市场占有率排名第一。

本书旨在将金智维在 RPA 领域中沉淀十余载的研发经验以及 RPA 真实上线场景的实践经验分享给各位读者朋友们，力求内容“干货有料”，期望通过对 RPA 相关技术的概念阐述和在各行业的场景实践案例，带领读者从 0 到 1 认识 RPA，并深入了解 RPA 是如何在数字化浪潮下助力各行业转型升级，成为企业数字化转型的重要利器。

十年磨一剑，砺得梅花香。本书的成书经过我们团队的多次研讨和反复打磨，最终为读者朋友们呈现一本值得深入研究的 RPA 参考书，感谢我的团队为本书抽出宝贵的时间和付出的努力。感谢各位对金智维一直以来的支持，希望 RPA 行业的发展蒸蒸日上，为数字经济的发展贡献更强大的力量。

编　者

2022 年 11 月

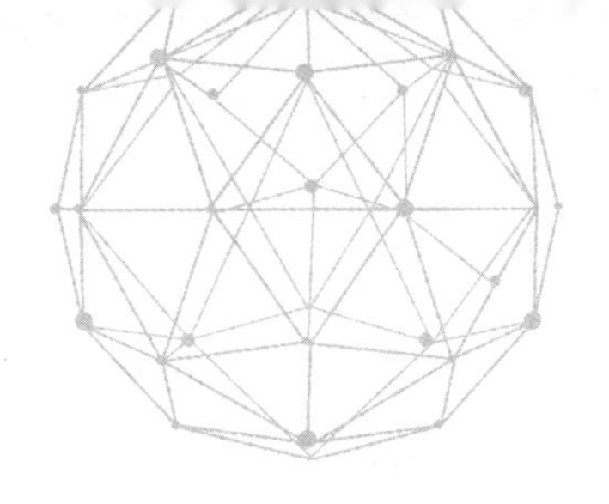

前　　言

说到数字化，你能想到什么？是移动互联网、各类App、电子商务、在线教育，还是大数据、云计算、人工智能、物联网？如今，数字化已经成为这个时代最大的技术变量，各行各业纷纷踏上或正准备踏上数字化转型之路，核心目标都是利用新技术提升整体运营效率，从而推动产业升级。

《中华人民共和国国民经济和社会发展第十四个五年规划和2035年远景目标纲要》（简称“十四五”规划）中“加快数字化发展，建设数字中国”单独成章，数字化将是“十四五”时期国家和地方实现创新驱动发展的重要工作抓手。同时，伴随经济下行压力、疫情常态化、地缘政治博弈加剧，数字经济焕发出前所未有的生机。数字化发展，不仅成为撬动经济增长的主要动能之一，更成为我国实现经济转型、改变全球竞争格局的核心驱动力。

作为数字化转型的有效切入点，机器人流程自动化（robotic process automation，RPA）利用和融合现有信息化技术，通过计算机模拟人类操作，将原本依赖人工的工作变为机器自动执行，实现系统流程自动化的目标。

RPA已逐渐成为当今热门的技术趋势之一。结合人工智能技术，RPA不仅可以处理重复性高且细节烦琐的业务流程，还可以由多个岗位的机器人相互协调配合完成一些涉及分析与决策的任务。2021年中国RPA市场规模达到28.8亿元，同比增长55.7%，在未来数十年，企业运用人工智能和RPA，不断进行技术革新，通过数字员工释放生产力，对生产方式和生产效率进行变革，是行业发展的大趋势。

本书力求“干货有料”，从实战的角度讲解如何充分挖掘RPA的应用场景，助力行业、企业实现数字化转型、增产增效。内容主要分为三个部分（共10章）。

第一部分（第1～2章）：数字化转型与RPA。

概括介绍当前数字经济的发展，以及企业进行数字化转型的迫切需求。第1章介绍了数字化转型的背景、概念和现状，说明了数字化转型势不可挡的趋势。第2章阐述了RPA的发展历程、平台架构、实施策略、风险挑战、管理与评估等，方便读者更好地了解RPA内部技术构成。

第二部分（第3～9章）：RPA的应用分析和实施案例。

以行业标杆客户的真实场景为分析对象，详细讲解RPA的应用和实施。第3～8章分别剖析了RPA应用成效最显著的银行、证券、保险、财税、政务、制造六大领域中的通用业务场景和代表性机构的个性业务场景，总结了六大行业建设RPA的实战经验。第9章介绍了实施过程中的实战技巧，总结了场景业务痛点、解决方案和实施成效，通过借鉴相似案例、场景的处理方式，为行业友商、客户提供经验指导。

第三部分（第 10 章）：RPA 的发展趋势。

立足全球经济数字化转型浪潮，从应用领域发展、行业发展和技术发展等维度，展望 RPA 的发展趋势。

本书作者为廖万里、陈华政、邓荣峰、赵曦、熊君丽、曾庆斌、屈文浩，郑灿坤担任插图设计总监，梁思敏、李凝、高洁菁、吴国峰四位设计师负责插图设计工作，邓荣峰负责全书统稿，珠海金智维信息科技有限公司姜志刚、郭挺德、陈坚、吴哲等在写作期间提供了案例及修改建议。大家牺牲了自己宝贵的时间，使得本书历经多次研讨和反复打磨，最终顺利出版。在此表示深深的感谢！

由于作者水平有限，编写时间仓促，书中难免会出现表述不准确之处，恳请读者批评指正。

编　者

2022 年 11 月

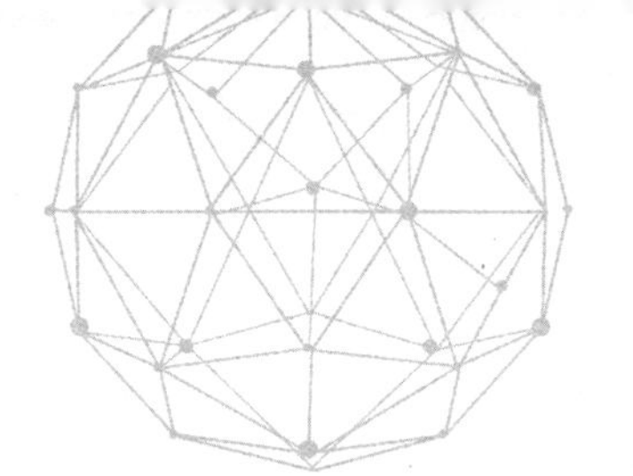

目　录

第一部分　数字化转型与 RPA

第二部分 RPA的应用分析和实施案例

第三部分 RPA的发展趋势

第一部分

数字化转型与 RPA

第 1 章
数字化转型

2021 年是我国“十四五”规划开局之年，规划中“加快数字化发展，建设数字中国”单独成章，提出充分发挥海量数据和丰富应用场景优势，促进数字技术与实体经济深度融合，赋能传统产业转型升级，催生新产业、新业态、新模式，壮大经济发展新引擎。数字化将是“十四五”时期国家和地方实现创新驱动发展的重要抓手。同时，伴随经济下行压力、疫情常态化、地缘政治博弈加剧，数字经济焕发出前所未有的生机，不仅成为撬动经济增长的主要动能之一，更成为我国实现经济转型、改变全球竞争格局的核心驱动力。

1.1　数字化与数字经济

说到数字化，你能想到什么？是移动互联网、各类App、电子商务、在线教育等生活、工作方式，还是大数据、云计算、人工智能、物联网等新技术？现在，人们大部分的沟通、协作、设计、生产，都已经通过数字技术在信息世界中实现了，我们已置身于数字化时代，数字化已经成为这个时代最大的技术变量。

数字化是信息技术发展的高级阶段。在信息技术发展的初级阶段，主要做法是利用信息系统将企业的生产过程、事务处理、现金流动、客户交互等业务过程，加工生成相关数据、信息、知识来支持业务效率的提升，更多是一种条块分割、烟囱式的应用。而作为信息技术发展高级阶段的数字化，则是利用新一代信息技术，通过对业务数据的实时获取，借助网络协同和智能应用，打通企业数据孤岛，让数据在企业系统内自由流动，数据价值得以充分发挥，对企业、政府等各类组织的业务模式、运营方式进行系统化、整体性的变革，更关注数字技术对组织整个体系的赋能和重塑。

现在，绝大多数企业已经具有完善的信息化基础，信息化为数字化提供了数据底层基础。随着技术的持续创新，数字化的内涵与外部延伸意义变得多元化：整合优化以往的信息系统，完成更好的优化与管控，提升企业管理和运营水平；通过对研发和管理过程中积累的数据进行挖掘，提高企业的生产效率；提供人工智能（artificial intelligence，AI）算法支持、精准营销；采用数字化采购平台，实现供应链产业融合、营销共创等。

今天的数字化，已经深入各个领域，包括数字化医疗、数字化制造、数字化建造、数字化交通、数字化货币、数字化阅读等，各行各业都在谈数字化。而随着 AI、大数据、云计算等一系列新技术在经历了前期摸索式发展，并逐渐向产业和行业下沉，这时可利用这些技术把现实世界在数字世界进行全息重建。从行业类别上看，离消费者较近的零售、金融、娱乐等行业数字化程度较高，而和消费者距离较远的行业大多依赖于资源推动，数字化程度相对较低，而消费端的数字化能力正在往产业端传导，例如，成熟的电商倒逼产业供应链，形成用户直连制造（customer to manufacturer，C2M）产业链，实现产品与消费者之间的最优匹配。

数字经济已经成为全球经济的主要形态。中国数字经济总量占 GDP 超过 30%，已成为全球第二大数字经济体。2016 年，中国在杭州 G20 峰会上正式提出《G20 数字经济发展与合作倡议》，提出“数字经济是以数字化为生产要素、以网络和数字技术为媒介、通过数字技术的高效使用优化经济结构并提升效率的一系列经济活动”。数字经济是信息技术产业与其他产业融合的集合，是基于数字化进行驱动的。2017 年，“数字经济”一词首次在政府工作报告中出现，报告对数字经济等新兴产业的蓬勃发展对经济结构优化的深远影响给予了充分肯定。2021 年，我国数字经济延续蓬勃发展态势，规模由 2005 年的 2.6 万亿元扩张到 45.2 万亿元，如图 1-1 所示。伴随着新一轮科技革命和产业变革持续推进，叠加疫情因素影响，数字经济已成为当前最具活力、最具创新力、辐射最广泛的经济形态，是国民经济的核心增长极之一。

图 1-1　数字经济规模

（数据来源：中国信息通信研究院）

数字经济的发展可划分为三个阶段。

第一个阶段是信息化时代：基于个人计算机（personal computer，PC）的发明及应用，从 20 世纪 70 年代开始进入数字经济的第一个创新周期，重点在于使用计算机技术进行数据处理和局部连接，例如，传统计算机软硬件生产，企业内部的信息处理业务等。

第二个阶段是消费互联时代：基于有线及移动互联网的普及，从 20 世纪 90 年代开始进入数字经济的第二个创新周期，重点在于使用互联网技术，连通消费者与企业，使用移动终端完成应用和服务等。如电子商务，重构了商品流通方式。

第三个阶段是产业互联时代：基于物联网和 AI 的普及，现在已进入数字经济的第三个创新周期，重点在于运用计算机技术、互联网技术和数据重构产业，变革重构对象已经不仅仅是流通方式，而是更深刻的商品和服务的生产方式，大幅改变传统企业，促进传统行业的数字化转型。

沿着数字经济的发展趋势，以互联网为核心的新一代信息技术已经成为经济发展的平台和基础设施，极大地突破了物理约束、空间约束、时间约束，从而获得生产力和效率的进一步提升，同时也不断催生出新的行业，这是信息化发展的必然结果。那么这些技术和基础设施是什么？

1.2　数字技术和基础设施

随着社会和科技的不断进步，特别是进入 21 世纪以后，人们在新一代信息技术的发明和应用方面有了质的飞跃。当前技术突破的速度是史无前例的，人工智能（AI）、区块链（blockchain）、云计算（cloud computing）、大数据（big data）技术（简称 ABCD 技术）[1] 的兴起和迅速发展正在逐渐改变我们的生活。这些技术迅猛发展并加速与经济社会各领域深度融合，催生了新产业、新业态、新模式不断涌现。

人工智能主要研究如何使计算机来模拟人的某些思维过程和智能行为（如学习、推理、思考、规划等），是一门跨学科的科学，包括计算机视觉、语言识别、图像识别、自然语言处理等技术，还涉及心理学、哲学和语言学等学科。人工智能从诞生以来，理论和技术日益成熟，应用领域也不断扩大，广泛应用到制造、医疗、交通、家居、安防、网络安全、服务等多个领域。

区块链是一个去中心化的共享数据库，存储于其中的数据或信息，具有“不可伪造”“全程留痕”“可以追溯”“公开透明”“集体维护”等特征。它利用块链式数据结构验证与存储数据，利用分布式节点共识算法生成和更新数据，利用密码学的方式保证数据传输和访问的安全，利用自动化脚本代码组成智能合约。区块链技术可应用于政务、版权、金融、供应链等领域。

云计算是与信息技术、软件、互联网相关的一种服务，这种服务提供可用的、便捷的、按需的网络访问，进入可配置的计算资源共享池（资源包括网络、服务器、存储、应用软件等），这些资源能够被快速提供，只需投入很少的管理工作，或与服务供应商进行很少的交互。云计算通过使计算分布在大量的计算机上，通过虚拟化技术集成为统一的资源池，提供按需服务，使得企业或用户能根据需求访问计算机和存储系统资源。云计算应用领域包括金融、制造、教育、医疗、存储、游戏等。

大数据是一种在获取、存储、管理、分析方面大大超出了传统数据库软件工具能力范围的数据集合，具有海量的数据规模、快速的数据流转、多样的数据类型和价值密度低四大特征。大数据技术在于对庞大的数据信息进行专业化处理，提高对数据的“加工能力”，通过“加工”实现数据的“增值”。大数据可应用于各个行业，包括金融、汽车、餐饮、电信、能源、体能和娱乐等在内的社会各行各业都已经融入了大数据的印迹。

国家提出建立在数字化基础之上的“新基建”，主要包括5G基站建设、特高压、城际高速铁路和城市轨道交通、新能源汽车充电桩、大数据中心、人工智能、工业互联网七大领域，涉及诸多产业链，是以新发展为理念，以技术创新为驱动，以信息网络为基础，面向高质量发展需要，提供数字转型、智能升级、融合创新等服务的基础设施体系。

在七大“新基建”板块中，与数字化直接相关的有5G基站、大数据中心、人工智能、工业互联网四项。这些基础设施的完善为加快新兴科技突破和落地应用的速度，为企业广泛运用人工智能、云计算、大数据等技术加速数字化、智能化转型升级创造了契机。“新基建”不仅是我国的国家战略，同样也是全球各国正在努力抢夺的战略高地。

而在信息技术高速发展的背景下，原有的各个行业围绕信息化主线深度协作融合，完成自身的变革，同时也不断催生出新的细分行业。平台经济、共享经济等新的经济模式快速发展，一些传统行业在这个时代会走向消亡，而加快数字经济发展建设，持续推动实体经济和数字经济融合已成为市场热点，各行业都需要拥抱变化、与时俱进。

1.3 数字化转型势不可挡

当今世界正处于百年未有之大变局，2020年，突如其来的疫情加速了人类阔步迈入数字化时代，同时也加速了所有企业、政府等组织的数字化转型。在互联网时代，世界不再是国与国的拼图，企业也不是存在于一个个独立的园区，而是存在于由信息基础设施连成的一张网。因此，对企业来说，发展的关键在于信息互联的程度，即在数字互联方面深度参与资源、资本、数据等有价值的资产流动的程度。随着这一系列变化，也迎来了第四次工业革命。每一次工业革命都诞生了许多技术，其中最具代表性的技术分别是蒸汽机、发电机、计算机与互联网，对应的关键词分别是机械化、电气化、信息化和数字化。

与以往的工业革命相比，第四次工业革命正以指数级速度而不是线性步伐向前发展，同时它正在颠覆所有国家的各行各业，这种广泛而深入的变化预示着整个生产、管理和治理系统都将面临转型。

在我国，经济已由高速增长阶段转向高质量发展阶段，正处在新旧动能转换的关键时期。新旧经济呈现冰火两重天的局面：一方面，互联网企业规模不断扩大，凭借数字技术跨界延伸到诸多传统行业，初创型数字化企业的增速让传统企业相形见绌；另一方面，传统企业营收增长减速，盈利水平承压，企业发展越来越困难，转型已成为企业能否在数字经济时代生存发展的问题。

前面提及数字化是信息化的升级，那么，数字化转型信息化也是信息化改造的升级。阿里研究院将以前的信息化改造称为数字化转型 1.0，将升级称为数字化转型 2.0[2]。在数字化转型 1.0 时代，人们面对的是技术架构不统一、维护高成本，烟囱式系统建设、数据共享困难，业务响应周期长，以内部资源优化为主、无法满足外延客户运营。而在数字化转型 2.0 时代，从传统的 IT 架构向云架构迁移，是基于云计算、AI、大数据等新技术的发展及软件开发体系的持续迭代，传统应用软件加快向云端迁移，构建基于云架构的数据集成解决方案，更容易实现数据集成、业务集成，实现技术架构统一、自动化运维，加速能力沉淀，快速、敏捷响应客户需求，构建以用户运营为导向的新架构体系。数字化转型 1.0 与数字化转型 2.0 的主要区别如表 1-1 所示。

表 1-1　数字化转型 1.0 与数字化转型 2.0 的区别（阿里研究院）

		数字化转型1.0	数字化转型2.0
时间		20 世纪 90 年代—21 世纪初	2016年后
代表性技术		信息技术：PC+ 传统软件	数字技术：云端 + 人工智能为代表的新技术
需求端	需求特征	相对确定性需求	不确定性需求
	主要诉求	如何提升经营效率	如何支撑创新迭代
供给端	核心理念	以企业内部管理为核心	以消费者运营为核心
	技术体系	封闭技术体系	开放技术体系
供需匹配	交付价值	解决方案	智能化运营

一是从技术架构看，实现从信息技术（IT）到数字技术（DT）转变。数字化转型1.0是基于传统架构+桌面端；数字化2.0是云端+人工智能物联网（artificial intelligence & internet of things，AIOT）等为代表的新技术群落。技术架构体系的背后是系统开发流程、逻辑、工具、方法的迁移，以及商业模式的重构。

二是从需求特征看，企业从面对确定性需求到不确定性需求转变。数字化转型1.0时代，无论是客户关系管理（customer relationship management，CRM）、企业资源管理（enterprise resource planning，ERP），还是排产计划、工艺设计等，都是基于规模化导向的确定性需求，企业思考的是如何在确定性需求背景下，降低成本、提高效率；在数字化转型2.0时代，面对不断变化的客户需求、市场竞争环境的快速变化，企业思考的是面对不确定性业务需求，如何实现业务创新、产品创新、组织创新。

三是从核心诉求看，企业主要诉求实现从如何提升效率到如何支撑创新转变。传统的ERP、制造执行系统等，更多的面对确定性需求，如何提高生产效率、管理效率；现在的数字化转型解决方案，是面对不确定性需求，如何通过构建面向需求、面向场景、面向角色的开发体系，支撑企业的业务创新、管理创新、组织创新。

四是从核心目标看，实现从企业内部管理为主向以客户运营为主的拓展。在数字化转型1.0时代，产品供给方更多的是提供一套基于硬件+软件的解决方案，核心是如何解决企业内部的管理问题；而在数字化转型2.0时代，技术产品供应方不仅提供硬件+软件+解决方案，更重要的是提供一套以消费者为核心的运营方案。

五是从技术体系看，实现从封闭技术体系向开放技术的转型。在数字化转型1.0时代，企业更多考虑的是面向内部资源优化，如何构建一套封闭的技术体系；而在数字化转型2.0时代，企业思考的问题是，如何面向全局优化，实现与供应商、供应商的供应商、代理商以及客户的数据集成，构建基于全局优化的开放技术体系。

同时，转型不仅是升级，而且是一个主动求新求变的过程，一个创新的过程。中华人民共和国国家发展和改革委员会对数字化转型的定义是："传统企业通过将生产、管理、销售各环节都与云计算、互联网、大数据相结合，促进企业研发设计、生产加工、经营管理、销售服务等业务数字化转型"。现今企业发展的重心已发生变化，规模与成本不再是制胜的法宝，而完成数字化转型，根据环境和基础设施的变化，实现自动化和智能化，从而重新定义企业业务，成为大势所趋。

1.4 数字化转型的现状和趋势

企业已经开启了数字化转型新进程，开启了数字经济发展新浪潮。大数据、云计算、物联网、人工智能等新技术的不断涌现，正在给现代企业的发展带来颠覆性的影响。与此同时，越来越多的企业开始思考如何能够借助新技术，替换原有 IT 信息化应用，为企业带来更便捷、高效、严谨的业务处理体验，提升企业收益。进而提高企业的生产效率与管理决策能力，增强企业核心竞争力，真正实现以新技术带来的企业智慧化转型。

接下来，我们主要引用全球著名咨询调查机构商高德纳（Gartner）、埃森哲、国际数据公司（International Data Corporation，IDC）及国家工业信息安全发展研究中心等研究机构的有关数据，介绍企业数字化转型的现状和趋势。

2018 年，国际数据公司对 2000 名企业首席执行官（chief executive officer，CEO）的调查报告显示，在全球 1000 强企业中有 67% 将数字化转型作为企业战略核心，在中国 1000 强企业中有 70% 将数字化转型作为企业发展的核心。同年，埃森哲首次发布《中国企业数字转型指数研究》，以过去 3 年中企业新业务的营业收入在总营业收入中占比超 50% 作为数字化转型“成效显著”的关键数据指标。报告显示仅有 7% 的中国企业数字化转型成效显著，这 7% 的转型成效显著的中国企业营业收入的复合增长率达 14.3%，销售利润率为 12.7%；其他企业的营业收入复合增长率为 2.6%。销售利润率为 5.2%。

埃森哲调研报告从智能化运营、数字创新等多个维度，以当前能够预见的最先进的数字企业作为满分 100 分给出评价标准，对中国行业企业的数字化转型成熟度进行评估，4 年来该指数的平均得分从 2018 年的 37 分上升至 2021 年的 54 分，如图 1-2 所示。

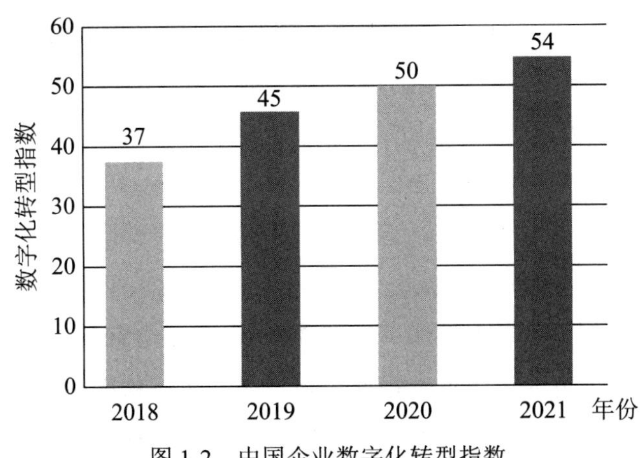

图 1-2 中国企业数字化转型指数

（数据来源：国家工业信息安全发展研究中心、埃森哲商业研究院）

中国各行业企业整体数字化水平稳步提升，数字产业化和产业数字化初见成效，数字化转型正成为中国经济高质量、可持续发展的重要驱动力。

2021年，中国数字化转型成效显著的企业比例提高到16%，但落后企业在数字化转型过程中仍缺乏数字化平台和数据驱动运营的建设方案。因此，如果能提供相应产品和服务，赋能企业数字化转型，这个市场的厂商将获得巨大商业机会。

高德纳预测：2025年政府和企业的技术投入将达到1.65万亿美元；在数字化转型领域，中国政府企业会加大、加快投入，在2022年，以大数据，AI为核心的新的商业及数据智能应用已产生2.9万亿美元的新市场，市场空间巨大，并有超过40%的企业会完成数字化转型，按照1.65万亿美元的中国政企IT预算规模预估，会新增万亿的商业市场，能提供标准化、数字化技术平台产品的厂商有机会实现快速复制与规模化。

1.5 数字化劳动力革命

区别于全职员工、外包员工及兼职灵活员工这三大传统用工模式，数字化劳动力（又称“数字员工”）是打破人类与机器边界，以数字化技术创造虚拟员工的第四种企业用工模式。

某餐饮连锁企业上线智能点餐终端数字员工，对全国4000多家门店进行无人餐厅升级，每个终端节省1～2名服务人员成本，点餐流程压缩到20秒以内，同屏快速展示全部餐点组合，平均压缩点餐时长27%，解决了就餐高峰期的排队问题，提升了企业运营效率。

某连锁酒店集团在旗下5000多家酒店上线前台服务终端及送物机器人，这些数字员工提供7×24小时的无接触服务，推行“30秒入住，0秒退房”，单日精准送物271次。该酒店集团以稳定的服务质量和优质的服务体验打造特色名片，优化服务用户体验，在竞争激烈的酒店服务业中脱颖而出。

某头部投资银行引入数字员工，运用自然语言处理（natural language processing，NLP）、光学字符识别（optical character recognition，OCR）、图像识别等人工智能技术，自动分析投资标的数据，处理人工阅读需要36万小时的信息材料，形成投资建议，将数字员工的数据处理能力应用于日常投资决策，提高投资精准度。

中国劳动年龄人口连续五年绝对数量下降，中国的劳动力人口红利正在逐渐消失。一方面，从9.96亿减少至9.86亿，适龄劳动力资源持续短缺，将对企业，尤其是劳动力密集型企业形成越来越大的压力；另一方面，自 2018 年起，平均工资增速超过了劳动生产率增速，劳动力相对价格保持较快上涨，企业的人力成本负担加重。

数字员工所应用的人工智能、物联网和自动化等新兴技术日益成熟，为数字员工的优化夯实了基础。行业调研发现，简单劳动、数据处理、数据采集等工种部署数字员工的可能性已超过 50%。如今，越来越多的公司正在将可能性转变为现实，虚拟机器人和数字员工的产业化初具形态，融合企业战略与管理思维、激活数字员工潜能正当时。

1.6　数字化转型的有效切入点：RPA

数字化转型需要对业务（流程、场景、关系、员工等）进行重新定义，内部完成全面在线，外部适应各种变化，从前端到后端，逐步实现无须人工介入的自动化和智能化，最终创造价值。企业传统业务流程通常较为依赖人工作业，而人工工作往往面临成本较高、容易出错、效率不稳定等问题。特别是那些具有高度重复性、批量性以及枯燥性的流程，如财务税务、供应链管理、客服等领域，手工密集型的操作不仅导致人工效率低下，还耗费企业大量人力和时间。

国内很多企业都在致力于数字化的升级与改造，但效果似乎并不明显。一方面，业务系统集成困难。目前大多数企业使用的是由第三方提供的信息系统，该类系统与企业其他应用没有接口，无法实现统一登录以及数据多点同步应用；数据被迫需要跨多个系统和岗位进行传输，存在较高错误率及沟通成本。另一方面，业务数据较为滞后。在数据处理过程中，由于大量的数据没有电子化、结构化，数据的汇总和统计分析往往滞后，无法做到实时信息反馈。

企业开始思考如何能够借助新技术，替换原有 IT 信息化应用，为企业带来更便捷、高效、严谨的业务处理体验。

RPA 指可以模拟人类在计算机等数字化设备中的操作，并利用和融合现有各项技术减少人为重复烦琐、大批量的工作任务，实现业务流程自动化的机器人软件。随着产业数字化转型的深入，企业软件的应用也从原来的单点应用向连续协同演进，底层数据和信息的打通成为企业新的诉求，RPA 作为连接系统与数据的接口，将在企业数字化转型中扮演重要角色。

RPA 平台相比传统的软件开发、任务调度平台或流程平台，具备以下的优点。

（1）特别方便：因为无须改造系统提供接口，可以直接通过人机界面驱动、文件驱动、邮件驱动等方式完成对接，所以RPA实施工期相比传统的改造系统的开发方案存在“短平快”的优点。

（2）特别强大：RPA就像乐高积木，可以提供强大的流程引擎和界面操作动作库，编程人员也不需要熟悉专业IT术语就可以按照自己日常操作逻辑拖放完成编程设计；有利于维护人员甚至业务人员自行调整逻辑，快速响应变更需求。

（3）特别安全：RPA可以有效的控制人为风险，降低人工出错的可能性；并且专业的RPA工具还会为脚本的安全回放设置各种前后台检查条件，确保脚本逻辑可以被正确的执行，并在遇错后立即暂停、请求人工接管。

RPA对于业务部门的价值体现在：RPA可以比人类更快、更准确、无差错、7×24小时的执行重复性任务，让企业员工更加集中精力于创造性的高价值工作上；RPA技术的全面推行，可以在不改造后台的基础上多快好省地提高业务流程的自动化程度，弥补原有烟囱式系统建设造成的数据孤岛和系统鸿沟，降低手工搬运数据的工作量，控制人为风险。

第 2 章

RPA 的发展与应用

2.1 RPA的定义与发展历程

RPA可以利用和融合现有信息化技术，通过计算机模拟人类操作，实现系统流程自动化的目标。这种非侵入式技术部署可在无须改造原有业务系统的条件下为企业实现业务流程自动化，因此受到了许多企业的青睐。

2.1.1 RPA的基本概念

RPA本质上是一种能按特定指令完成工作的软件，通过模拟人类在计算机界面上进行操作的技术，按规则自动执行相应的流程任务，代替或辅助人类完成相关的计算机操作。通常RPA被形象地称为"数字员工"，与常见的具备机械物理的实体机器人不同，是因为其综合运用了大数据、人工智能、云计算等技术，通过操纵用户图形界面中的元素，模拟并增强人与计算机的交互过程，从而能够辅助执行以往只有人类才能完成的工作，或者作为人类高强度工作的劳动力补充。与传统的人类操作相比，"数字员工"有着无与伦比的记忆力和永不中断的持续工作能力，因此面对大量单一、重复、烦琐的工作任务时，有着无比巨大的效率和成本优势，能显著地提升这类工作的处理准确度和效率[3]。随着计算机硬件成本的迅速降低和处理能力的增强，企业数字化的需求越来越广，以RPA为代表的自动化技术迅速得到市场的认可，成为各行业中辅助人类完成工作的重要补充力量。

2.1.2 RPA的发展历程

追求工作的自动化是人类自发明计算机起就开始追逐的梦想，RPA的诞生并不是一蹴而就的，而是在过去30年的时间里，通过各种技术的发展传承，逐步演变和发展起来的。到目前为止，一般将RPA的发展归纳为四个阶段，其中前三个发展阶段RPA的主要工作是帮助人类执行预先定义好的流程，需要人在初始化和运行的过程中参与监控，确保实施的准确性；在第四个发展阶段，随着AI技术的日益成熟，便产生了AI与RPA的有效结合，能够进行复杂场景的智能决策，其功能更加完善，应用场景更加广泛，适用范围更广，RPA 机器人更加智能化，具体发展如图 2-1 所示。

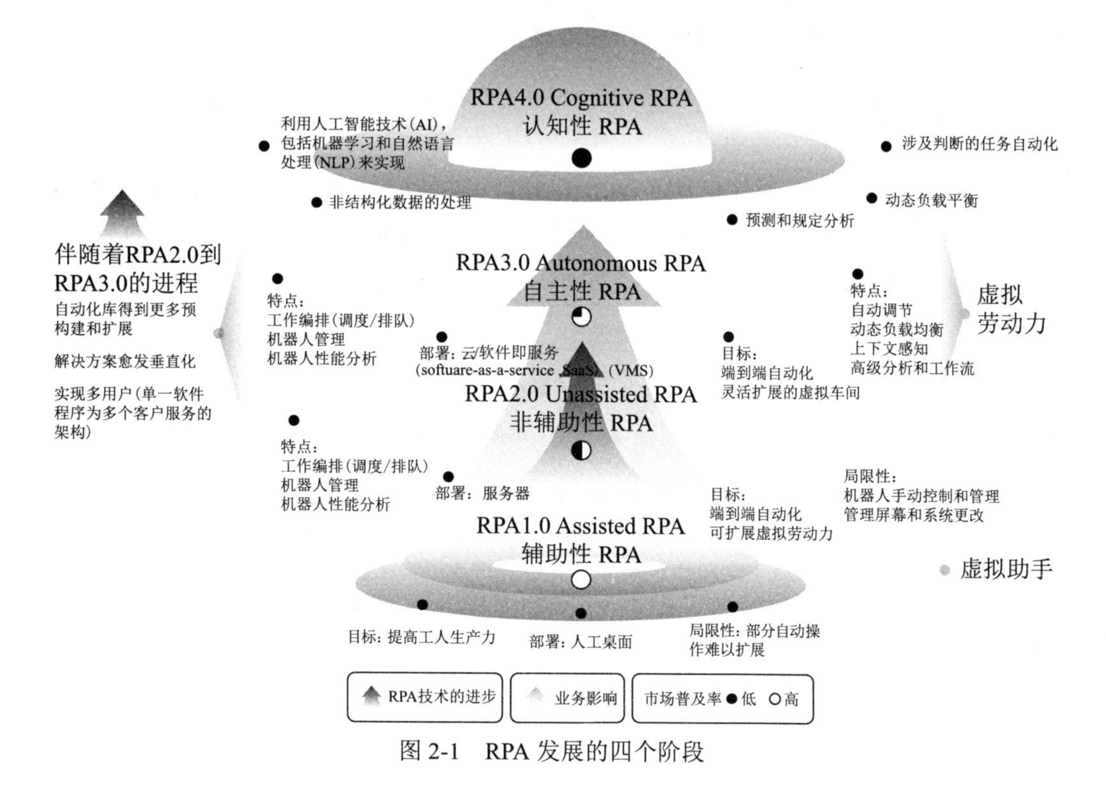

图 2-1　RPA 发展的四个阶段

1. RPA1.0 阶段

自 20 世纪 90 年代起，半导体产业的繁荣发展使得计算机硬件成本不断降低，微软的磁盘操作系统（disk operating system，DOS）和 Windows 操作系统促进了个人计算机的普及，大量的业务操作从传统的手工方式变成数字化处理方式，因为部分流程包括，为方便若干个相互嵌套依存的任务流程的执行，利用计算机编写程序代码编写的批处理脚本（batch script）技术应运而生。通过采用手动或按计划任务启动的机制，批处理脚本可用于执行自动化运维、日志处理、文档的定时复制、文件的移动或删除等偏计算机底层的自动化运维类流程。同时，批处理脚本的缺陷是缺乏处理复杂任务的能力，例如：难以对文档的内容进行理解和分析；难以对流程处理中的异常情况进行及时处理。因此 RPA1.0 阶段可以理解为辅助人工，即简单的辅助人类完成一些基础数据录入、文件打开类的标准化桌面工作，很少会触及业务经营流程，整个工作过程离不开人工干预，无法自动执行，效果往往是辅助个人小幅度提升工作效率。这些自动化操作严格来说并不属于典型的 RPA，出现的一些屏幕抓取类、流程自动化工具类软件和工具身上已经具备 RPA 的雏形，其中：屏幕抓取类工具是通过提取屏幕上的关键词语、扫描静态数据等方式在不兼容的系统之间建立桥梁的技术；流程自动化工具通过捕获处理对象中的某些特定字段完成数据信息的提取与存储等，实现替代手动数据录入的方式提高了订单处理的效率和准确性。

2. RPA2.0 阶段

进入21世纪后，随着Office办公软件以及思爱普（Systems Applications and Products in Data Processing，SAP）、甲骨文公司（Oracle）等ERP厂商的快速发展，越来越多的行业、企业对自动化处理又有了更多的要求，尤其是金融领域中各类企业跨主机系统的支付、结算、对账、审计等业务场景。以财务会计为代表的大量工作开始通过Excel、Word等软件进行操作，并且通过互联网进行传递。规则明确、流程复杂的财会处理耗费大量人力的问题，从而催生了VBA（visual basic for applications）、业务流程管理（business process management，BPM）为代表的自动化技术应用。VBA是典型的宏编程语言应用，主要用于扩展Windows的应用程序功能，尤其是微软Office软件中的功能，借助“宏录制”功能将手工操作的过程逐一记录下来，变成一条条可执行的脚本，可以方便地实现将重复性的动作自动化。BPM运用流程图透视管理BPM与企业的办公自动化系统（office automation，OA）、管理信息系统（management information system，MIS）、企业资源计划（enterprise resource planning，ERP）等系统之间的协同操作，通过分析、建模和持续优化业务流程实践来解决业务难题。RPA2.0阶段已可以实现部分自动完成整个业务工作流程，无须人工干预，与批处理脚本相比，VBA应用了可视化图形编程界面和面向对象的程序开发思路，相比批处理脚本大幅提升了开发效率，能够应对相对复杂的业务流程。同时也应该看到，BPM只是对公司的流程进行梳理和优化，与智能化、机器人等关联不大，但BPM对后续RPA实施环节的咨询和流程起到了很好的铺垫作用。

3. RPA3.0 阶段

自2015年起，UiPath、Automation Anywhere、Blue Prism等公司相继成立，并获得了巨额的风险投资，在相关企业的共同技术创新和努力下，初步形成了RPA的产品形态。可视化流程拖曳设计、流程操作录制等技术的出现，让RPA软件不再依赖于手工编码进行屏幕抓取，而是允许用户以可视化的方式来使用拖放功能，建立流程管理工作流，并且实现重复性劳动的自动化，新技术的诞生部分替代了传统编程来构建“数字员工”的方式，从而降低了RPA的使用门槛，让更多的企业用户根据自己的实际工作流程来创建“数字员工”，促进了RPA在行业、产业中大范围应用。同时“数字员工”任务分配和管理的调度系统也随需而生，开启了从传统单机运行的简单流程向大型多任务管理方式的转变。RPA3.0 阶段可以简单融合感知技术，自动化处理文档中的非结构化数据，例如，发票信息的 OCR 和电子邮件的 NLP，本阶段的 RPA 的可靠性得到了大幅度的提升，能够从事的流程也变得更多、更复杂，带有复杂控制调度系统的 RPA 在大型银行、保险公司等机构中的成功应用进一步促进了 RPA 行业的繁荣发展。但本阶段的 RPA 每次执行的动作都是一致的，他们并不能从每次的重复执行中进行“自我学习”，也不会在每天的程序化工作中进行自我改进和寻求更优的解决策略。

4. RPA4.0 阶段

2019 年，高德纳公布了影响企业未来发展的十大关键技术，RPA 荣登榜首，RPA 领域的初创企业无不受到全行业的格外关注。2019 年 5 月，UiPath 获得了 5.68 亿美元 D 轮融资，估值达 70 亿美元，成为全球人工智能领域里估值最高的创业企业，国内各类 RPA 企业纷纷推出产品抢占市场，各行各业也开始拥抱 RPA 技术，采购 RPA 产品进行试点应用。与此同时，伴随着以深度神经网络为代表的新一代人工智能技术的发展，RPA 纷纷与各类人工智能技术进行融合，试图突破传统 RPA 只能从事简单重复流程的“天花板”，进而从事更复杂的工作。RPA4.0 阶段，人工智能技术和 RPA 相辅相成，大量智能化模块和 RPA 融合运用，一般称之为智能流程自动化技术（intelligent processing automation，IPA），即通过深度融合人工智能，借助计算机视觉（computer vision，CV）、NLP、自动语音识别（automatic speech recognition，ASR）、认知技术（智能决策）创建出能够模拟人类进行业务决策和业务处理的智能“数字员工”，实现深度的业务场景覆盖。

国际知名战略咨询机构福里斯特（Forrester）在报告中指出：“随着 RPA 技术的日渐成熟，分析类型将决定哪些供应商将会引领行业潮流。提供文本分析、人工智能组件集成、流程分析和基于计算机视觉的表面自动化的供应商将定位于成功交付”。RPA 软件可用于实现任意数量任务的自动化，随着人工智能、知识图谱等技术与 RPA 的结合逐步深入，IPA 将有望在未来的十年里探索出更多的应用场景，使更多诸如复杂的财务核算、供应链自动调度、合同和报告审阅、法律文书起草、智慧化行政审批等规则不明确、判断过程复杂、原先需要很多领域知识、专家经验才能进行的工作，也可以通过智能 RPA 技术逐步发展起来。RPA 技术是现代社会信息化发展到一个新阶段的标志，是计算机软硬件发展到一定程度之后诞生的产物，目前正在进入繁荣发展和大规模产业应用的阶段。随着物联网、5G 等技术的快速发展，RPA 还将不断进化并进入新的发展阶段。

2.2 RPA厂商与KRPA平台

从2018年开始，RPA在中国的技术应用和落地实践开始迅猛增长。2020年的疫情更是大大提高了企业对数字化、智能化转型升级的动力，其中对流程实现自动化的需求是最为迫切的，尤其体现在财务会计领域及RPA可以解决的重复性高、规则性强的企业流程上。

据统计，2020年企业在RPA软件上的支出超过15亿美元，在未来更将继续以两位数的百分比增长。预计2025年RPA将成为部署在全球企业中的一项通用工具。

2.2.1 国外代表性RPA企业与产品

1. UiPath

UiPath成立于2005年，致力于开发RPA平台，旨在将RPA作为数字化劳动力运作——通过用户界面，软件机器人模拟通常由人类执行的任务，为全球企业提供设计和部署流程自动化机器人的平台，是目前RPA行业内最为领先的公司之一。UiPath涉及的主要领域是金融、制造、医疗、物流和政务，到2020年，UiPath拥有7000多家企业客户，融资超过10亿美元，估值达到102亿美元。

UiPath特点如下。

（1）产品线丰富，拓展了AI、过程挖掘（process mining）方面的能力。

（2）提供了多种托管选项，例如云环境，虚拟机和终端服务。

（3）支持各种Web和桌面应用程序。

（4）支持自动登录功能来运行机器人。

（5）包括可与.Net，Java，Flash，PDF，Legacy，SAP配合使用的抓取解决方案，且准确性高。

2. Automation Anywhere

Automation Anywhere成立于2003年，国内简称为“AA RPA”，提供基于Web和云本地智能自动化平台，旨在为企业部署由软件机器人组成的数字化劳动力，完成端到端的业务流程。公司已在40多个国家设有办事处，为90多个国家所有行业的4000多个客户提供支持。

Automation Anywhere 特点如下。

（1）用于业务和 IT 操作的智能自动化。

（2）使用智能自动化技术。

（3）快速自动化复杂的任务。

（4）将任务分配给多台计算机。

（5）提供脚本自动化。

3. Blue Prism

Blue Prism 成立于 2001 年，自身定位为“企业级”数字化劳动力平台架构，让企业既可以做中央化的治理，同样也可以让业务部门自己去做流程的优化，强调在每一家大企业里做“大规模”的深度机器人部署，旨在通过自动化、手动、基于规则的设计实现重复的办公室流程，帮助业务操作变得敏捷并具有成本效益优势。

Blue Prism 特点如下。

（1）短时间内快速落地。

（2）健壮和功能丰富的分析套件。

（3）可以零代码开发。

（4）构建高效和自动化的端到端业务流程。

（5）提供实时反馈。

2.2.2 国内代表性 RPA 企业与产品

1. 金智维

金智维成立于 2016 年，是一家专注于企业级 RPA 技术的 AI 公司，致力于用科技创新手段推动企业的数字化建设，在国内率先推出具有自主知识产权的企业级 RPA（K-RPA），并以安全、高效、稳定的处理能力，兼具易扩展、易维护、易使用的管理特点，获得业界客户的高度认可和广泛应用，在多个金融行业细分领域市场占有率排名第一，金智维 RPA 软件机器人已被近 400 家企业客户采用，其中近 300 家为金融行业客户。凭借在银行、证券、基金、期货、保险等金融细分领域的领先市场占有率，金智维已成为 RPA 金融行业领导者[4]。

金智维 RPA 特点如下。

（1）提供简单易懂的图形流程设计器、中文脚本编辑器、机器人组件管理仓库，实现机器人的快速复制以及部署，部署更加方便、快速，同时让机器人实现最高可复用。

（2）支持大规模机器人协同作业产品，集中管理所有机器人，确保执行效率的同时，对协同操作安全有着完善的安全机制。

（3）自主研发中文脚本编辑功能，同时支持Python、JavaScript、Pascal、Shell、PowerShell、Perl、VBS、AutoIT等脚本。

（4）提供机器人流程执行的管控机制，包括执行时段、执行次数等全参数化安全配置管理。

（5）提供机器人容灾多活管理机制，机器人负载均衡执行机制。

2. 弘玑 Cyclone

弘玑Cyclone成立于2015年，是中国领先的RPA软件和解决方案供应商。公司自主研发的融合AI、NLP等先进技术的Cyclone RPA超自动化解决方案能够为客户自动完成特定业务流程，实现跨行业、跨组织的数字化转型目标。目前已在国内外数十个城市设有分公司和办事处，并在美国硅谷设立研发中心。商业化版图已拓展至日本、东南亚等市场。

弘玑Cyclone RPA特点如下。

（1）全流程可配置，不编程实现流程自动化非嵌入式。

（2）无须改造业务系统，RPA不需要与任何企业原有系统打通接口，部署灵活。

（3）全流程留痕，帮助用户进行数据审计，保障用户安全。

（4）支持客户—服务器结构（client/server，CS）和浏览器服务器（browser/server，BS）应用，无差别流程设计环境和运行环境，支持流程设计结果无差别部署。

（5）支持浏览器方式操作和监控数字员工运行，支持应用程序接口（application programming interface，API）二次开发，支持全业务数据审计。

3. 来也

来也科技成立于2015年，是中国乃至全球的RPA+AI行业领导者，为客户提供变革性的智能自动化解决方案，提升组织生产力和办公效率，释放员工潜力，助力政企实现智能时代的人机协同，其提供的智能自动化平台，包含RPA、智能文档处理（inteligent document processing，IDP）、对话式AI（conversational AI）等。基于这一平台，能够根据客户需要，构造各种不同类型的软件机器人，实现业务流程的自动化，全面提升业务效率。目前，来也科技帮助保险、通信、电力、金融、零售等多行业的企业客户，以及智慧城市、政务服务、医保社保、公共医疗、院校在内的公共事业领域，实现了各种业务场景的深度突破与打通，构建起端到端的自动化解决方案，已服务超过 200 家 500 强企业，200 余个省市政府及上千家中小企业，2021 年《财富》世界 500 强榜单前 10 名企业中，7 家在使用来也科技的智能自动化产品。

来也 RPA 特点如下。

（1）提供以流程图、低代码的方式，采用鼠标拖拽各个步骤，轻松组装符合业务需求的自动化流程。

（2）提供丰富的预训练的 AI 模型和强大的定制化的 AI 能力，开箱即用。

（3）提供机器人和人工协同完成流程自动化的能力。

（4）提供无人值守人员的任务分配、任务执行周期、任务运行过程和结果的监控管理。

2.2.3　金智维企业级智能 RPA 平台

金智维企业级智能 RPA 平台（K-RPA）由服务器（server）、客户端（agent）、控制器（control）三个部分组成，提供机器人管理、脚本管理、流程管理、任务管理、权限管理、容灾管理等功能。其中：控制器为编辑设计端，负责场景脚本的开发、流程配置、管理、触发、系统配置等；服务器为控制端，负责协调、管理执行和设计端，对流程、脚本、权限等信息进行集中存储管理；客户端为执行端，安装在执行操作机器上，负责执行指令进行自动化操作的程序，并将结果反馈给服务器。

目前，金智维 RPA 信创版本已完成国产主流基础软硬件的全面适配。在操作系统层面完成了与银河麒麟、统信 UOS、红旗 Linux、HarmonyOS 的适配；在数据库层面完成了与奥星贝斯（Ocean Base）、TiDB、达梦、Tendis 的适配，如图 2-2 所示。在项目具体实施过程中，无须再次适配，大幅降低实施交付成本。

K-RPA Server 服务器

中间件 Middleware	东方通 Tongweb	腾讯 Tendis		
数据库 DB	达梦数据库	阿里 Ocean Base	PG sql	Tidb
操作系统 OS	中标麒麟 Neokylin	红旗 Linux	统信 UOS	
处理器/服务器 CPU/Serverf	华为鲲鹏 CPU/服务器	飞腾 CPU/服务器		

图 2-2　金智维 RPA 信创版功能

为提升客户的产品体验，K-RPA 相继推出模块化功能产品，将自动化理念渗透到各行业应用场景中，全面满足企业数字化转型需求，如图 2-3 所示。

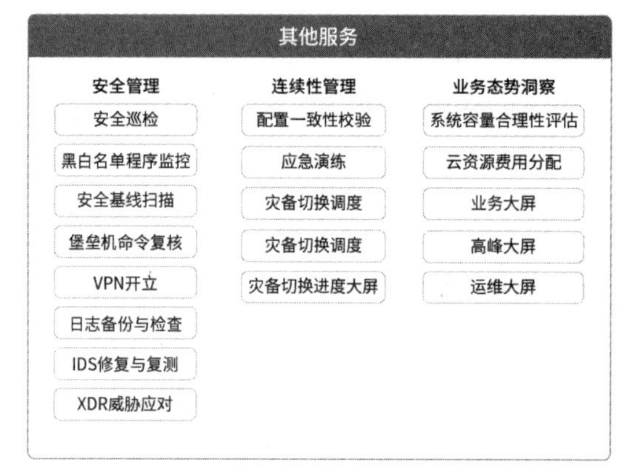

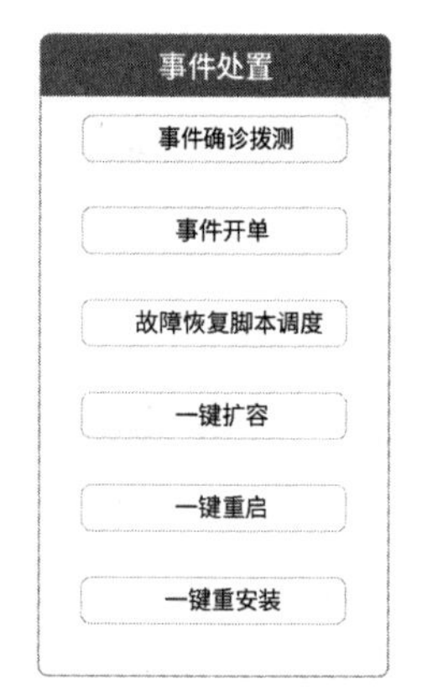

图 2-3　金智维 RPA 运维典型场景

1. K-CODE 低代码平台

K-CODE 低代码平台是可视化、模块化的应用搭建平台，支持图形化、拖拽式搭建实现应用快速开发，积累有 3000+ 业务组件，具备 12 万 + 集群规模和 40+AI 能力。与金智维 K-RPA 系统和机器人可以实现无缝集成对接，支持所有 RPA 组件，包括内置和用户开发，支持 PC 手机等终端，支持多应用开发和分布式部署，如图 2-4 所示。内置严格的验证与授权方案，可作为应用开发平台、企业应用集中管理平台和企业服务平台，满足多应用场景需求，打造从需求开发到产品运营的生态闭环。K-CODE 低代码平台将复杂的技术架构及基础设施抽象化为图形界面，通过表单、数据集、行业组件模板、和可视化配置快速构建业务应用，大幅降低企业业务应用开发门槛，让业务实现更简单。

（1）应用开发平台。金智维 K-CODE 低代码平台可直接作为开发平台，实现可视化、图形化开发。用户无须具备编程知识，仅需进行简单的拖拽以及可视化参数配置，即可快速构建业务应用，如图 2-5 所示。

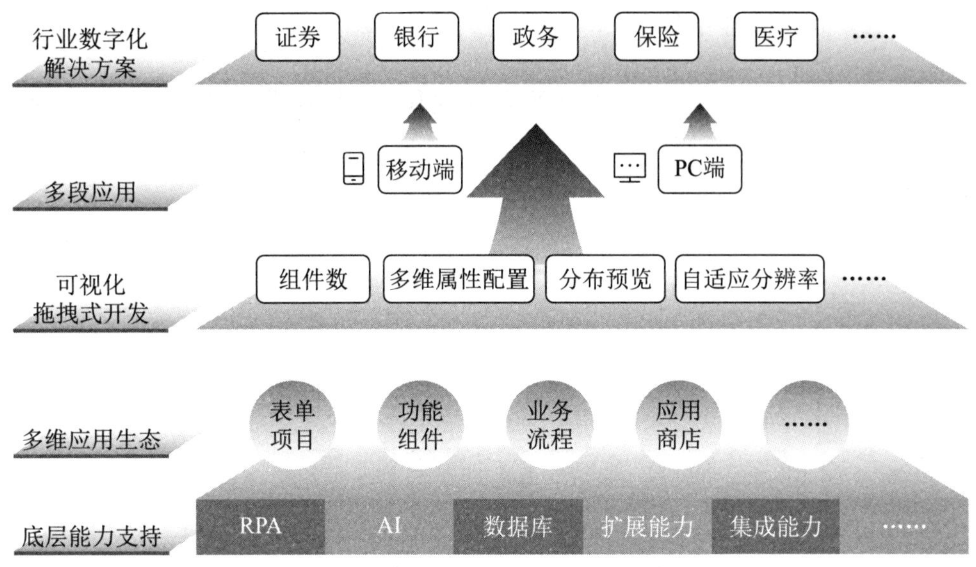

图 2-4 金智维 K-CODE 平台架构

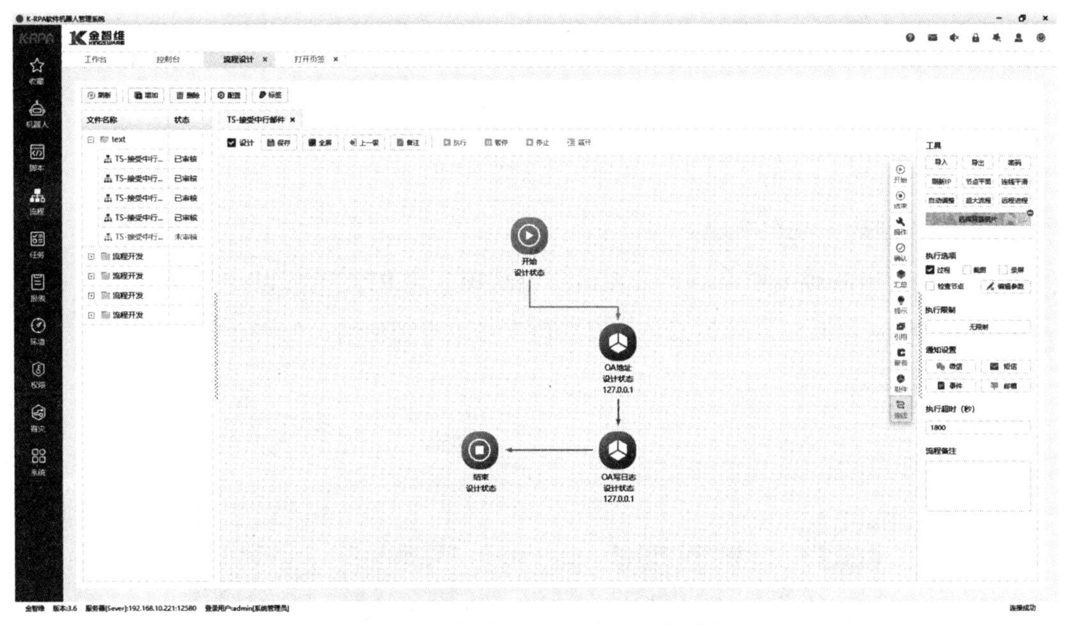

图 2-5 金智维 K-RPA 应用开发平台

（2）应用集中管理平台。金智维 K-CODE 低代码平台可作为应用集中管理平台，具备企业级、系统化管理能力，轻松实现应用集中管控、告警通知、用户管理、权限管控、可视化报表、流程设置等能力，助力企业打造高品质应用。

（3）企业服务平台。K-CODE 低代码平台可作为企业服务平台，轻松助力服务提供商对模板、组件、流程、应用等数据进行集中管理；也可作为企业应用的管理平台，管理不同业务部门的多个应用，在平台上为企业各业务子部门提供服务。

2. K-RPA 运营管理平台

K-RPA 运营管理平台是基于金智维 RPA 开发、管理技术能力优势，通过 RPA 机器人应用商城、RPA 需求管理中心、卓越运营管理中心、RPA 机器人资源池等功能为企业提供全面的 RPA 运营管理能力，如图 2-6 所示。

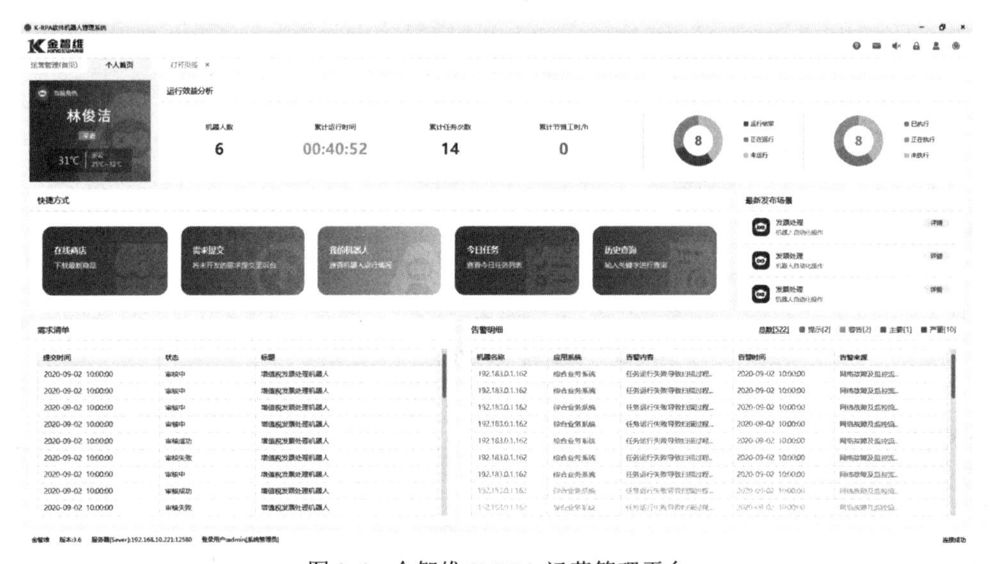

图 2-6　金智维 K-RPA 运营管理平台

1）RPA 机器人应用商城

机器人应用商城主要将已开发完成、测试确认的 RPA 流程以及 RPA 机器人以商品形式发布到应用商店，业务人员可根据自身需求申请使用，如图 2-7 所示。

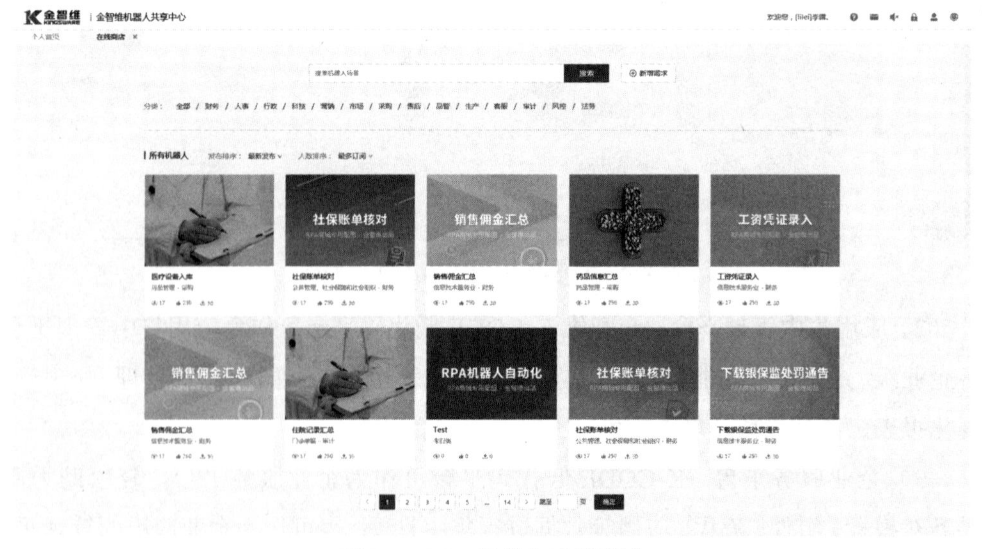

图 2-7　RPA 机器人应用商城

2）RPA 需求管理中心

需求管理中心负责客户的 RPA 需求收集、分析、评估与执行，管理整个 RPA 需求的生命周期，如图 2-8 所示。

序号	需求标题	所属部门	发起人	流转状态	当前处理人	创建时间	更新时间
1	测试222		Administrator123	开发需求	产品一部	2022-06-01 14:06:44	2022-06-01 14:06:44
2	测试111		Administrator123	发布	li	2022-05-31 18:00:11	2022-05-31 18:00:51
3	测试业务		Administrator123	开发需求	产品一部	2022-05-31 16:56:57	2022-05-31 16:56:57
4	测试123		Administrator123	开发需求	产品一部	2022-05-31 15:28:59	2022-05-31 15:28:59
5	网段限制设置商品		Administrator123	需求草稿		2022-05-23 15:12:35	
6	网段限制商品		Administrator123	需求开发		2022-05-18 14:22:55	2022-05-18 14:22:55
7	启动流程		Administrator123	发布上线		2022-05-18 10:23:12	2022-05-18 10:28:40
8	记账机器人		Administrator123	发布上线		2022-05-18 09:33:35	2022-05-18 09:37:34
9	需求测试		Administrator123	发布上线		2022-04-26 10:19:16	2022-04-26 10:46:17
10	需求场景		Administrator123	需求分析	需求业务人员	2022-04-26 10:00:40	2022-04-26 10:03:01
11	需求3	产品一部	a	发布上线		2022-01-20 09:26:01	2022-01-20 09:28:01

图 2-8　RPA 需求管理中心

业务用户：通过自助需求向导或 RPA 专家服务提出业务场景需求；需求管理服务自动根据用户组织架构分类、计算场景价值。

RPA 专家组 & 运营人员：接收需求、评估场景、分析价值，审核处理需求，分配需求到开发小组 / 人员。

开发人员：接收需求、场景分析、设计建议，接单并反馈开发计划、提交开发进度。

3）卓越运营中心

作为组织实施 RPA 项目的核心，卓越运营中心（center of excellence，CoE）负责统筹、执行、监督并改进整个 RPA 项目推进的全生命周期，负责识别并评估自动化机会，开发、测试并将 RPA 机器人部署到稳定、可扩展的环境中，建立标准，并全程保证遵循组织目标以达成一定的业务目标，如图 2-9 所示。

CoE 运营主管：通过 RPA 运营数据大屏，从机器人规模、覆盖业务、业务处理量、机器增长、工时效益等关键绩效指标（key performance Indicator，KPI）全面直观掌握企业 RPA 整体运行情况；跟踪需求响应情况、机器人研发情况。

开发人员：RPA 机器人上架发布和变更情况、用户使用情况、机器人运行情况进行综合管理。

CoE RPA 效率专家：通过对 RPA 机器人的部署规模、工时效益、投入产出比、用户反馈、故障情况按业务和机器人类型进行分析，识别高价值场景进行推广引导。

图 2-9　卓越运营中心

4）RPA 机器人资源池

RPA 机器人资源池能够帮助企业管理运行中的 RPA 机器人实现资源调配、机器人复用，保证 RPA 机器人高效运行，如图 2-10 所示。

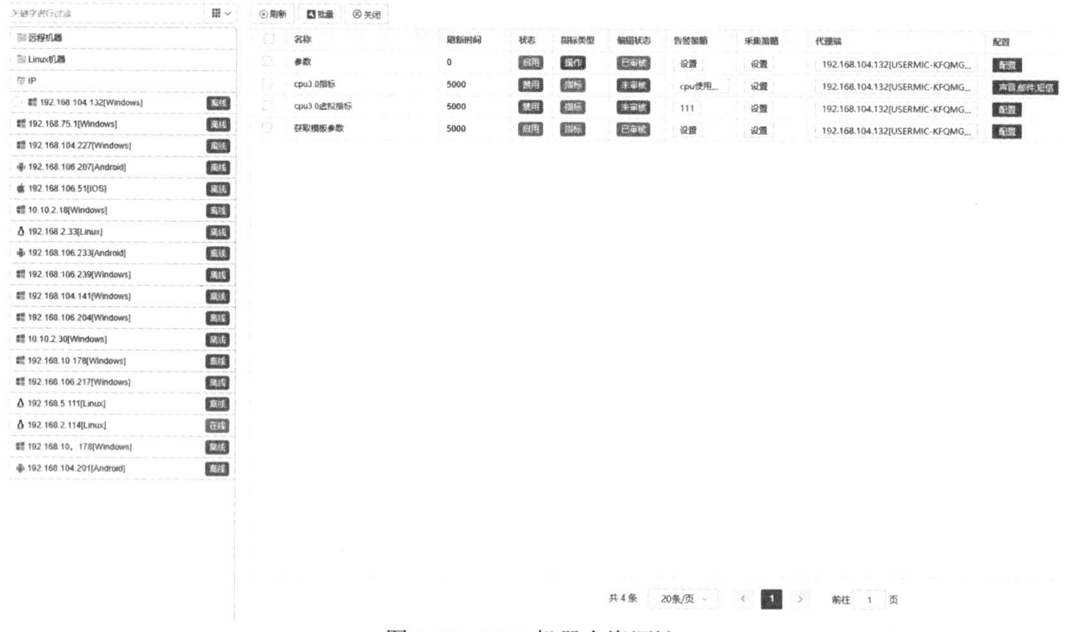

图 2-10　RPA 机器人资源池

3. AI 能力开放平台

AI 能力开放平台是依托 AI 和 RPA 技术的能力开放平台，借助金智维自研和合作伙伴提供的 AI 识别能力，能够实现对数据、算法、算力资源进行统一调度管理，构建完善的开发软件栈，支持数据处理、算法开发、模型训练、模型部署的全流程业务，并提供大规模分布式训练、自动化模型生成等功能，满足不同开发层次的需要，有效提高计算资源利用率，提升 AI 开发效率，降低 AI 开发成本，如图 2-11 所示。

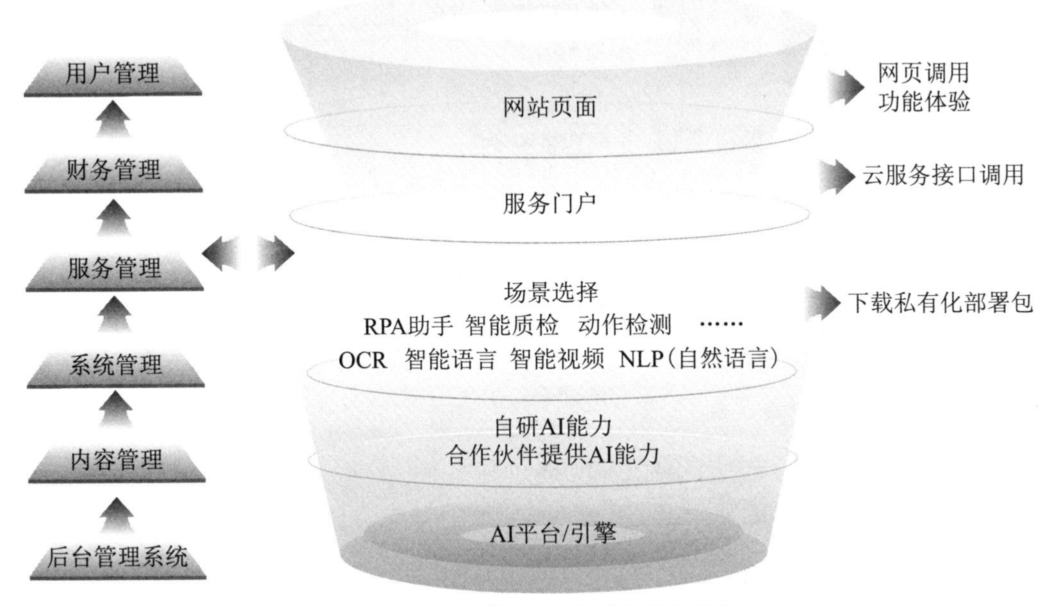

图 2-11　金智维 AI 能力开放平台架构

AI 能力开放平台在总体上可以分为两个大的部分：AI 服务平台和运营系统。其中 AI 服务平台通过三种方式向用户提供平台服务：一是用户在网站页面上提交调用请求，获得 javascript 对象简谱（java script object notation，JSON）格式的结果；二是在用户的应用场景中（主要是 RPA 场景）调用平台提供的服务；三是私有化部署的用户，可以在网站下载私有化部署包。

1）AI 服务平台

AI 服务平台在通用引擎的基础上，将公司自研或合作伙伴提供的 AI 能力包装形成能够服务用户的 AI 服务。当前提供的基础 AI 服务有 OCR 识别、自然语言、智能语音、智能视频等，应用场景型 AI 服务有 RPA 助手、智能质检、动作检测、智能应答、贷前审核等，如表 2-1 所示。未来，金智维将依托行业和技术优势，通过开源的方式推广深度学习框架，布局开源 AI 生态，为金融行业打造专业的、综合性的 AI 能力开放平台，为企业提供运营型的大型 AI 应用门户，让更多企业用户享受到简单易用、低成本的 AI 能力红利。

2）运营系统

运营系统是提供给公司运维人员、客服人员使用的系统，功能包括用户管理、服务管理、财务管理、系统配置、内容管理等，具体如下。

表 2-1　金智维 AI 服务平台功能统计

类别	服务	简介
图像处理	图像纠偏	对扭曲的图像进行纠偏
	图像增强	对模糊或分辨率低的图像进行增强
	图像相似度	比较两图像的相似度
	身份证质量检测	身份证质量检测
视频	动作检测	检测并识别出违禁动作
验证码识别	文字验证码识别	识别出文字+数字的验证码
	滑动验证码识别	解析滑动验证码，给出鼠标移动轨迹
	复杂验证码识别	各种复杂的验证码，如公式、图片识别分类等
	简单验证码	识别出英文+数字的验证码
OCR	身份证识别	识别身份证图片中的姓名、号码、地址等
	房产证识别	识别房产证图片中的各项内容文字
	营业执照识别	识别营业执照图片中的各项内容文字
	驾驶证识别	识别驾驶证图片中的各项内容文字
	票据识别	识别发票、单据等图片中的文字、数字等
	通用文本	识别图片中的文字
	通用表格	识别常用表格中的文字
自然语言	分词	把语句切分为词
	命名实体识别	识别并提取语句中实体
	语义相似度	比较两段文字的相似度
	词性标注	标注语句中的词性，如名词、动词、形容词等
	情感分类	识别文字的情感，如喜欢、厌恶、好评、差评等
	文本翻译	实现中文与英文高准确度互译
智能语音	语音转文字	语音转换为文字
目标检测	人脸检测	在图像中识别人脸位置
	证件检测	在图像中检测并识别证件
	车牌检测	在图像中检测并识别车牌
	印章检测	在文档图片中检测印章及位置

用户管理：包括新建、删除、停用、启用用户，为用户创建证书，为用户充值等。

服务管理：包括注册服务、停用服务、启用服务、删除服务等。

财务管理：包括财务报表，用户月账单，用户充值记录查询等。

系统配置：设置系统参数，保障平台高效、可靠运行。

内容管理：管理平台针对用户网页内容。

2.3　RPA 架构与工作流程

2.3.1　RPA 架构

典型的 RPA 平台一般包含开发工具、运行工具、控制中心等三个组成部分。

1. 开发工具

开发工具主要用于根据业务流程设计 RPA 机器人，为机器人执行一系列的指令和决策逻辑进行编程，并对机器人的运行进行相关的配置。如同企业雇用新员工需要进行岗前培训一样，新创建的机器人对业务流程一无所知，首先需要在业务流程上培训机器人，然后才能发挥出其特有的功能，提高工作效率。

为了让配置的运行软件机器人变得简单，插件、操作记录仪等工具也得到了广泛应用，通过记录用户操作界面（User Interface，UI）里发生的每一次鼠标动作和键盘输入，即可完成软件机器人的配置。为方便商业推广，RPA 发展初期通常需要开发人员具备相应的编程知识储备，近几年大多数 RPA 厂商推出低代码编程方式，一般厂商自建的开发平台中会内置 C++、python、lua 等编程语言适配器和执行引擎，词法分析、编译、运行等标准组成组件，实现其他语言与脚本语言数据类型的双向自动转换，即使不具备 IT 背景的人员，通过短期培训也能快速学习和使用。

2. 运行工具

软件机器人开发工作完成后生成机器人文件，用户将其放置在运行工具中来运行已有的软件机器人。为提高机器人部署和运行的效率，一般软件机器人的运行环境与开发环境保持高度一致。软件机器人运行完成后，将运行的结果、日志与录制视频等上报到控制中心，确保流程执行的完整性。

3. 控制中心

为方便软件机器人的部署与管理，提高现场实施的工作效率，尤其是当需要在多台计算机上运行软件机器人时，一般使用控制中心对需部署的软件机器人进行集中控制管理。

控制中心本质上是一个软件管理平台，可以管控和调度无数个 RPA 执行，主要包括开始 / 停止机器人的运行，为机器人制作日程表，维护和发布代码，重新部署机器人的不同任务，管理许可证和凭证等。同时控制中心会提供完备的组织架构、用户管理功能，可对每个用户进行权限设定，保证数据安全。

2.3.2　RPA 工作流程

RPA 是用来替代人类员工实施基于规则的高度重复性工作的软件程序，而非实体存在的流程处理机器，RPA“数字员工”的工作流程如图 2-12 所示。

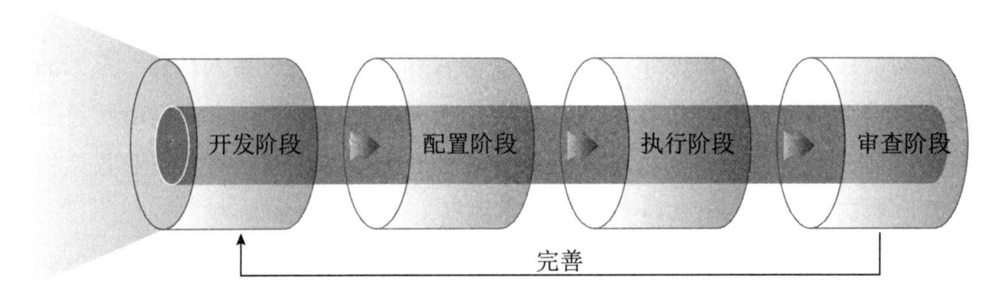

图 2-12　RPA 工作流程

1. 开发阶段

软件开发人员根据业务流程设计 RPA 机器人，为机器人执行一系列的指令和决策逻辑进行编程，将流程操作实现为独立的自动化任务。

2. 配置阶段

业务用户通过控制中心给机器人分配任务并可全程监视执行过程。

3. 执行阶段

软件机器人于虚拟化或物理环境中与企业的各种应用系统交互，完全模拟人类操作，自动执行指定的业务流程。

4. 审查阶段

业务用户审查软件机器人执行结果，解决执行过程中的异常并反馈给软件开发人员，完善软件机器人的设计与执行逻辑。

2.3.3　RPA 与网络爬虫

2019 年以来，企业纷纷开始走上数字化转型之路，各种技术的应用案例层出不穷，越来越多的企业关注 RPA。通常厂商为了直观展示 RPA，开发并运行一个采集某个网站特定信息的 RPA 软件机器人充当学习软件编程中的“Hello World”角色。资料整理的自动化操作与常见的网络爬虫应用看起来很相似，但实际上区别很大，如表 2-2 所示。

表 2-2　RPA 与网络爬虫的差异

差异	RPA	网络爬虫
定义	全称 robotic process automation，即机器流程自动化，通过模仿人的方式在电脑上按照一定的规则持续不断地重复执行一系列操作	一般称作spider，通过编程的方式实现全自动地从互联网上采集数据
使用技术	属于人工智能的范畴，通过内置编程语言适配器和执行引擎设计流程，进而模拟人的动作执行任务	使用Python开发脚本，通过发送http请求获取cookies或者直接注入网页等方式获取数据
适合场景	可以应用在企业的各个部门。通过模仿人的一系列动作，可以完成多种多样的业务场景	主要用于大数据采集。如使用不当，会给企业带来巨大的法律风险
原理差异	模拟人的方式在系统UI上进行操作。非侵入性操作不会对系统造成任何影响	通常是使用Python脚本直接操作HTML，采用接口或暴力破解的方式解析网页内容以获取资料，会对系统后台造成巨大负担，也因此会被反爬虫机制识别并禁止
合规性	符合全球AI科技发展趋势，已经在银行、证券、保险等世界500强各个领域投入使用，并被实践证明其可帮助企业和机构降本增效，改革升级	容易涉及侵害个人隐私和企业的数据安全，始终存在争议及潜在的法律风险

好的RPA产品比爬虫更智能、更安全、更高效，可以说，爬虫已属于过去，RPA则正在创造未来。

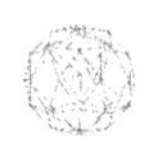 2.4　RPA的优点

1. 节约资源

对于任何一个企业来说，时间和费用都是最宝贵的资源。RPA正好可以让企业同时节约这两种资源。机器流程自动化使企业可以节省内部培训新员工的时间，同时还可以一定程度上简化信息的传递成本，加速与客户的交互，从而使企业有更多的时间用于内部挖潜，提高员工的专业技能，并提高其核心领域的专业技能。

2. 业务灵活性

RPA机器人如同全职员工直接使用企业的IT系统，而不必与所有应用系统进行深度集成。RPA能够自动操作整个业务流程，连通各个系统，打破数据交换的壁垒。当自动化工作量增大，则只需添加额外的机器人；公司的业务流程发生变化，则可以将原部署替换为新的机器人；公司业务扩展，则只需要与软件机器人提供商联系开发并部署新的软件机器人，这远比雇用和培训新员工要容易得多。

3. 提高员工效率

企业通过引入RPA，可以让员工专注于更重要的任务，而不是把时间花在纯粹重复性的操作上，将员工的思想从繁重而耗时的任务中解放出来，使他们有更多时间通过创新推动企业发展。

4. 安全可靠性

RPA是一种软件机器人，可以全天工作，快速处理大量重复性任务，不存在磨损和消极怠工，即使在系统关闭或其他故障的情况下，RPA仍可以通过备份日志恢复数据。RPA软件机器人是机器处理，能够较大程度消除人为因素的影响，且整个过程具备完整、全面的按键审核记录，用户可监控和审核由RPA工具完成的各个流程，增加了数据的可追溯性以及透明度，降低了业务风险和敏感数据的隐私问题。

5. 明确的治理结构

RPA 机器人作为“数字员工”，角色等同于全职员工，与全职员工拥有相同的应用系统访问权限，通过为 RPA 机器人对每个应用系统定义明确的访问权限，可提高公司的治理水平。

 2.5　RPA 的指导原则

1. 工作目的

实施 RPA，企业首先要梳理本企业的成熟业务流程，明白哪些流程能够与 RPA 机器人相结合，要解决企业的什么痛点与难点，从而确定本企业实施 RPA 的目标。

2. 实施步骤

每个 RPA 流程都取决于组织的需求和成熟度，但企业 RPA 机器人的实施从宏观上可划分为三个步骤：①前期评估，包括对企业业务流程与 RPA 供应商的评估；②中期开发测试并上线，包括确定基于 RPA 的新的业务流程、软件配置、RPA 开发、RPA 试点上线及推广上线；③后期运营与优化，包括 RPA 的日常维护、运营阶段反馈的优化解决。企业 RPA 实施的第一步，就是要确定 RPA 机器人的实施策略，并且对整体实施方案进行评估，这决定了 RPA 的实施能否成功地为企业现存问题提供有效的解决方案。

3. 团队分工

RPA 作为“数字员工”，可以应用于任何成熟规范的流程，它为企业带来的效益需从企业整体层面来衡量，而非某一部门的得与失。因此，RPA 的实施首先要得到企业管理层的认可与支持，指定部门牵头并主导整个实施工作，企业 IT 部门积极参与并配合实施，一线员工需了解 RPA 优势并积极应对 RPA 给自身工作带来的挑战。

4. 经费预算

RPA 的实施涉及业务流程的升级和优化，应用软件的配置和新建 RPA 机器人的上线运行和维护，预算项目较多，充裕的资金支持对于项目的顺利实施至关重要。因此，在项目实施前，应尽可能准确地预估各项费用支出，为项目的顺利实施和成效提供坚

实的资金支持。

5. 关键要素

RPA的实施涉及的人员及业务面较广，找准并紧盯实施工作中的关键要素是顶层设计工作中的重要部分，从一定程度上决定了RPA实施的成功。具体包括以下3个方面。

（1）建立一支优秀的RPA团队。团队人员一方面要熟悉企业的系统，熟悉企业当前应用系统的所有技巧，并且能够为自动化提供各种建设性思路；另一方面团队人员需善于跳出固有思维模式，勇于改变现状。

（2）建立RPA实施工作组。其领导者能够很好地协调企业相关部门的协同工作，了解RPA现在和将来的部署策略，并根据策略进行规划和执行。与IT、业务部门达成供应商选择的一致意见，先选择并确定试点部门，为RPA的全面实施做好准备。

（3）建立冗余和备份机制。RPA的部署中适度保持一定的灵活性，允许业务人员根据实际修改流程并留底相应的实施文档，以满足企业的特定组织战略和管理需求。

2.6 RPA的实施策略

RPA的实施方法决定了其运行稳定性及后续运维的成本，可以从框架设计、开发规范、机器人共享、通用平台、数据安全等方面来考虑RPA的实施策略。

（1）框架设计。整体设计框架我们需要考虑需求衔接、参数配置、风控与回滚机制、结构化开发、新需求承接、维护和纠错等因素，不仅要考虑业务流程的实现和稳定，还要考虑未来的可延展性和潜在变更。

（2）开发规范。为确保项目的顺利落地和后期运维的便利性，RPA实施团队需要从注释、日志、版本等多个维度建立RPA开发规范与标准，从而提高项目效率和质量。

（3）机器人共享。RPA机器人原则上是可以7×24×365不停工作，但从目前的实际情况来看，几乎没有企业能百分百地充分利用自己的机器人。从机器人的设计、调度和通用性上可以考虑跨流程甚至跨部门的去共用机器人，最大化利用RPA的能力。

（4）通用平台。大多数公司的基本流程在上层应用上都是类似的，因此在类似流程中实施RPA可以用预编程流程组件，从而简化开发并减少定制需求。

（5）数据安全。在整个RPA的设计和运行环节中，需要考虑数据存储、传输的安全性，包括参数配置安全、信息存储安全、信息传输安全、网络端口与访问安全、物理环境安全、日志安全、代码安全、账号密码使用和储存的安全等问题，作为商业化的 RPA 供应商，应该具备自我检查的程序来保证 RPA 实际运行过程中的安全性。

2.7　RPA 的风险与挑战

这个世界上没有银弹，没有完美的技术，只有适合的技术，仅依靠 RPA 不能解决所有的流程自动化问题，企业负责人需要清楚地认识 RPA 能做什么，不能做什么，在 RPA 的实施过程中一样存在多方面的风险与挑战，如图 2-13 所示。

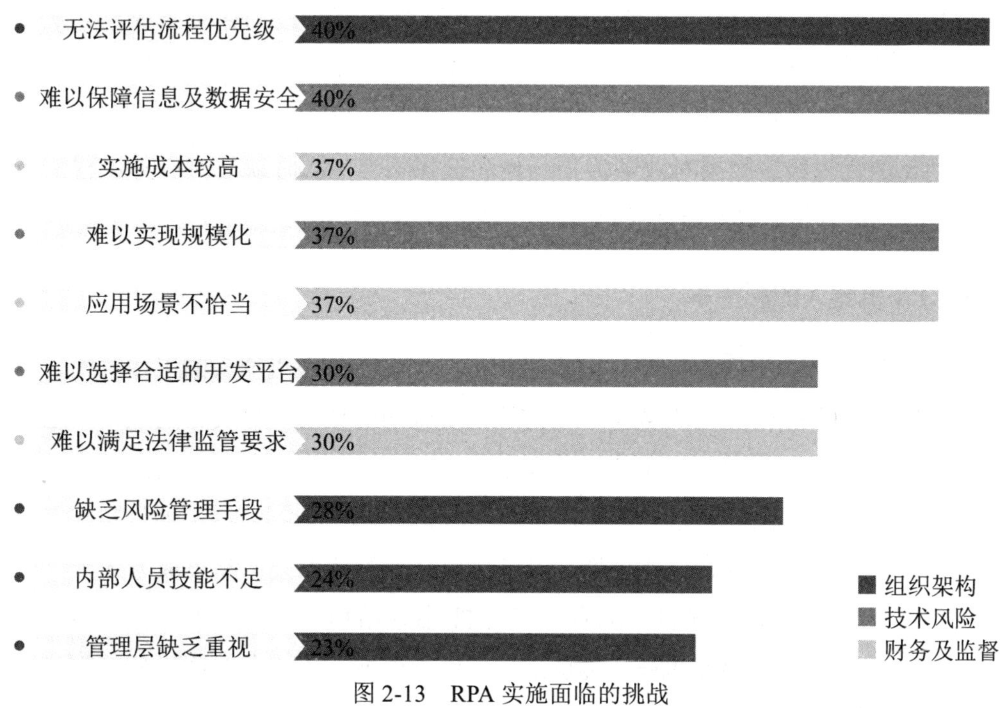

图 2-13　RPA 实施面临的挑战

1. 信息数据安全

RPA 实施后的安全风险存在多个方面，例如：因为没有清晰定义人类员工与机器人协作过程中的权责分工，RPA 应用初期运行中产生业务问题的责任由谁来承担；RPA 机器人程序可能的步骤或规则遗漏问题，RPA 部署运行后，带来的业务风险就具有规模性且连续性；传统的应用系统中的数据安全性一般由数据库管理员（database administrator，DBA）来严格管控，软件开发者接触的主要是应用功能和数据结构，而RPA开发者却能直接接触到真实的生产数据和系统中一些敏感和隐私的数据。因此在具体实施工作中，RPA安全管理涉及诸如业务责任治理，业务操作与复核，机器人脚本的开发、审核机制和部署方式，以及信息的存储安全、传输安全和操作安全等多方面的内容。

2. 试点选择的合理性

RPA技术虽然非常适合于那些重复性的、基于规则的、大批量的且不需要人为判断的任务，但仅凭这些粗略筛选标准不足以判断哪些流程合适进行RPA试点。例如：一些企业的标准化流程虽然已经实施了多年，并且被编写成标准流程文档，但实际工作中，不同的员工还会使用其他变通的或更具实用性的方法来解决手头的问题；另外，企业自身组织机构、业务分工调整、系统的更新升级也会影响RPA业务流程，从而增加RPA的实施难度和运行风险。因此，在实施RPA项目前，企业需要制定清晰的实施步骤，找到哪些流程适合自动化，哪些流程可以在时机成熟后再实施自动化，以便确定自动化的优先级。如果对业务流程分析和选择不当，同时缺乏对业务流程中潜在问题的根本原因分析，贸然启动RPA实施，有可能造成项目的失败或达不到预期收益。

3. RPA机器人的利用率

RPA实施需要综合考虑机器人资源的利用率，包括RPA机器人的工作时间、处理效率以及所使用的RPA机器人数量，因为这些资源的消耗与项目实施的成本产生直接关联。RPA机器人程序设计、开发和设置需要开发人员与业务人员的通力配合，往往无法快速适应流程的后续变更，或者后续变更成本过高，这也是RPA项目实施中经常遇到的一个问题。为了降低这种风险，除了使用合理的技术架构和集成方式外，企业还必须加强自身IT部门的建设，配套合理的IT治理结构进行全程管控，包括计划、沟通和变更等过程，使RPA机器人能够适应持续性的变化，在面对同样的工作任务和工作量时，能够实现以最少、最优的机器人资源来完成。

4. 一线员工的理解和支持

RPA的实施，可以快速完成那些重复性的、曾经需要雇用更多人力来完成的工作任务，这种方式导致一些一线员工认为机器人会取代他们的日常工作，进而导致企业裁员或员工转岗。因此，在一些RPA项目中，虽然企业领导强力支持，但在一线实际实施时往往会遇到阻力。因此，RPA项目的顺利实施与企业内部良好的沟通机制、员工的培训教育以及企业文化的推广有着密切的关系。

为构建 RPA 相关风险的应对机制，建议企业遵循通过风险地图识别 RPA 项目全生命周期中的各类风险，建立完善的风险控制矩阵以指导风险测试和评估活动，最终通过分析及监督模型工具对相关风险进行有效管控，如图 2-14 所示。

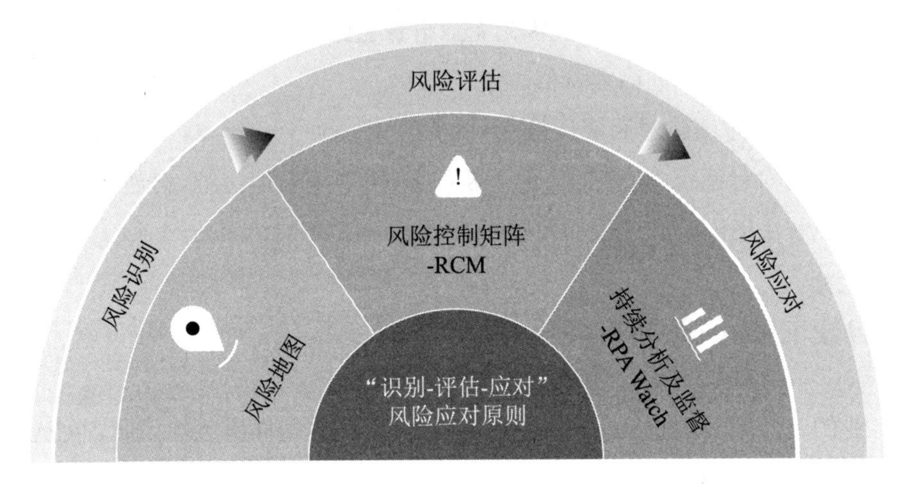

图 2-14　"识别－评估－应对"风险应对原则

2.8　RPA 团队建设

近年来，RPA 技术逐渐为企业所熟悉和接受，尤其在新冠疫情防控期间，RPA 表现出人工和传统信息化系统建设难以实现的作用，具有强大的生命力。但是，根据安永会计师事务所的一项研究，在全球范围内，最初的 RPA 项目约有 30% ～ 50% 都失败了，这么高的失败率是惊人的。总结来说，主要原因是企业对 RPA 实施的困难估计不足，从其实施前期没有真正地深入一线，调查研究得不够，对流程的理解片面化、理想化，使得在实际实施的过程中不断碰到没有意料到的状况，原本认为"唾手可得"的成效迟迟停留在"海市蜃楼"阶段。对于有计划从 RPA 切入数字化转型的企业，自建 RPA 团队是整个工作的重要一环。

2.8.1　自建 RPA 团队的必要性

1. 自建团队更方便理解流程

供应商相对熟悉职能类通用流程，但基于成本的考量，对流程的调研分析一般不如企业自身深入。企业内部RPA团队能够更好地和各部门合作，尤其是能够与一线的、真正执行流程的人员更加频繁、更加方便地接触，不但理解企业的真实生产领域流程，甚至可以发掘出企业产业链上下游其他企业的边界流程，随着流程应用的积累，可以应用RPA的流程选择面更广，并且因为企业自身更贴近价值链核心，所以实施流程自动化后可能产生更加巨大的商业价值。

2. 自建团队更方便应对后期运维

如同传统的信息系统，随着RPA的不断部署，需要不断地运维，自建内部RPA团队，就能够更好地解决运维响应速度的问题。

2.8.2 自建RPA团队的途径

让专业的人做专业的事情，伟大的冒险都需要一支同样出色的团队，RPA也不例外。专业的RPA实施团队必须具备自动化流程和开发自动化程序所需的技能，除了专业的技能外，有经验的业务顾问也是非常重要的一员。实施团队的人员组成包括：业务流程顾问，IT安全和基础架构专家，实施方解决方案架构师，实施人员。

2.9 RPA生命周期管理

目前，现有的RPA平台多数无法兼容。一旦选择某平台，随着其运行应用场景的增多，未来可能在相对长的一段时间内较难进行RPA平台的迁移。因此，在RPA平台选择的初始期，需要综合考虑各平台的优缺点，充分比较用户易用性、系统集成性以及平台收费模式等。一旦确定RPA平台，企业将会面对纷至沓来的各类RPA需求，因此，良好的需求与实施管理同样非常重要。基于RPA平台，多数是场景式的流程自动化，且一般是相对短流程的流程节点优化，终极目标是消除流程中需要繁重的人工处理但逻辑清晰的业务步骤。通过对预计收益、预计RPA初始化投入等评估确认后，即进入RPA机器人的设计、实施环节，多数轻量化的RPA场景实施能够在10天左右完成设计和落地，而后则是结合运营反馈进行改善。

从流程环节角度：划定RPA机器人和人处理的边界，哪些是机器人需要处理的，哪些是人需要处理的，甚至哪些是需要人机交互共同处理的，这需要企业业务人员和供应商加强沟通，定义好各自边界，各负其责。

从处理对象角度：RPA机器人的部署运行涉及大量跟数据操作有关的场景，比如，常见的发票数据读取与存储，验证码识别，等等，机器人是否能够兼容多场景的准确识别，需要考量供应商的技术积累和应变实力。

从投资回报角度：投资回报率（return on investment，ROI）是企业运营一个非常重要的指标。实施 RPA 的流程要综合考虑其单次的执行时间和执行频率，比如，有些业务流程虽然单次工作时间较长（假设为 24 小时），但实际可能每月或每季度才执行一次，对此类工作，是否需要部署 RPA 机器人就需要企业全面评估实施的必要性。

从开发 RPA 机器人到投入生产环境，变更的管理和运维的管理极其重要。企业需要有相应的策略，应包括 RPA 解决方案管理、运营模式、组织结构和变更管理计划，最后还可以通过部署监控机器人，记录机器人的所有活动，对数据进行分析，从而得出进一步的改进方案。

2.10　RPA 实施评估

在 RPA 实施的初期，投资回报率是企业的关注点，公司更早地看到实施 RPA 的好处，并证明它可以在未来带来高的投资回报，不仅可以加深全体员工对流程自动化技术的理解，还可以更好地打造 RPA 标杆案例。为证明 RPA 实施的合理性和重要性，企业可以以投资回报率为中心，综合评估收益率、流程、员工与客户的成本和运营费用等方面，不能为了 RPA 而 RPA。那如何才能使 RPA 的部署实施获得更高的投资回报率？

1. 优先试点规则明确、重复步骤多的项目

对于企业来说，选择哪些项目开始自动化是很重要的。挑选重复工作的或者出错频繁的项目，影响成本和收入的流程，需即时响应的流程，可外包的流程，会显著提高投资回报率。充分利用 RPA 机器人不需要休息就可以连续工作的优势，一旦部署了用于完成特定任务的机器人，就有必要计算整个项目所花费的时间，以评估这次项目的进展与之前有什么不一样。

2. 合理规划，避免部署过量的机器人

RPA 机器人更加服从企业的管理，不会有违反公司相关规章制度的行为出现，提高了整个工作的速度和准确性。有的企业部署了大量的机器人，反而无法实现预期的业务价值。机器人的数量不是越多越好，同时企业应考虑短期和长期的业务目标，以

实现更高的投资回报率。

3. 预留逻辑冗余，打造多用途机器人

一般软件机器人会被编程为遵循指令，只执行分配给它们的任务。但业务也是不断发展的，不是亘古不变的，有时候对机器人进行适当的编程，可以更高效、更快速地完成任务，工作失误的减少表明业务生产率的提高。

第二部分

RPA 的应用分析和实施案例

第3章

RPA在银行业的应用与分析

随着新一轮科技革命和产业变革的深入、“双循环”和数字经济的发展，中国经济一直保持在高速增长的通道中，蕴藏着丰富的市场机遇。近年来，走在市场竞争前列的银行业不断加大对金融科技的创新和投资力度，优化 IT 架构和数据治理，深度挖掘大数据技术价值，加快数字化转型，提升金融科技基础能力建设，使产品服务模式线上化、数字化、智能化。银行业通过打造敏捷化、智能化的业务能力，提升竞争力和创新力，实现差异化发展。

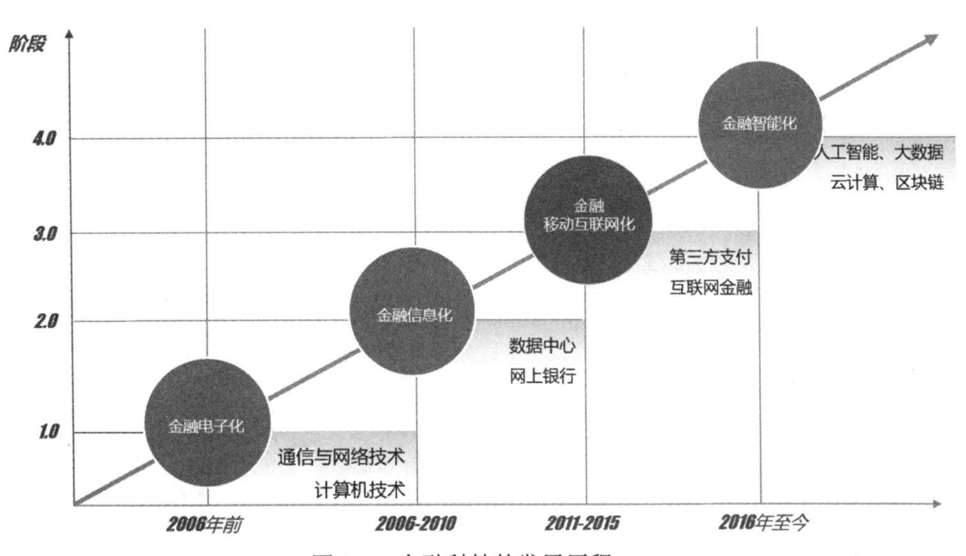

图 3-1　金融科技的发展历程

根据中投顾问产业研究院发布的《2021—2025 年中国金融行业投资分析及前景预测报告》，2019 年金融业增加值增速为 7.2%，其增速仅次于信息传输、软件和信息技术服务业及租赁和商务服务业，高于其他行业，金融业增加值增速相对较高。2020 年前三季度，金融业增加值为 64 041 亿元，增速为 7%。随着 AI、大数据、云计算、物联网、区块链等新兴技术与金融业务深度融合，金融创新加速，也驱动着金融机构向智慧金融的方向转型升级，中国已经形成长三角、京津冀、粤港澳三大世界级金融科技聚集地，金融科技经历了金融 IT 的 1.0 时代、互联网金融的 2.0 时代，以及智能金融的 3.0 时代[5]，如图 3-1 所示。现阶段，金融科技主要集中在区块链、AI、信息（安全）服务、物联网、云计算，以及大数据、5G、交易所和征信等领域，进行创新以满足新理念、新渠道、新产品、新业态等发展需求。相较于传统金融，智慧金融效率更高，决策更能贴近用户的需求，服务成本更低，具有透明性、便捷性、灵活性、即时性、高效性和安全性等特点。

 3.1　银行业的数字化转型历程

3.1.1　国内外银行业数字化转型发展

自电子计算机应用普及以来，银行业的数字化能力建设从未间断过，数字化是银行业最重要的基因之一。多年来，伴随着科技的进步、经营环境的变化、客户诉求的升级，银行业不断推动数字化边界的扩展。从最早的业务经营电子化到后来的管理流程信息化，再到最近几年的客户交互移动化，数字化的定义正在持续扩展，并迈入经营全面数据化的新阶段，如图 3-2 所示。

图 3-2　银行业数字化转型发展历程

数据来源为公开信息

银行也是商品经济的产物。对于银行的数字化历程，从其业务发展和技术迭代的角度看，可以简单分为以下几个阶段。

1. 银行 1.0：电子化阶段

自从 1580 年在意大利威尼斯诞生第一家银行起，随着商品交换、货币流通的迅速扩大，以及国际贸易的迅速发展，银行业获得了空前飞速的发展，银行业的地位、作用日益加强，其工作效率和货币流通能力成为整个经济发展速度的重要决定因素之一。

科学技术是人类现代文明的基石，是社会发展的推动力。20 世纪 50 年代计算机的发明及其广泛的应用前景为银行业的发展奠定了坚实的基础，一些大银行纷纷将这一新技术运用于银行业务的改革和银行业工作方式的更新。从此，银行业迈出了电子化的步伐，使具有数百年历史的银行业发生了本质性的变革。

美国作为信息技术极为发达的国家，在银行业竞争加剧以及客户多元化需求的压力下，大力发展银行电子化事业，不断开拓新的服务领域，投入巨资建立了以计算机网络为支撑的全开放、全方位、全天候的现代化银行体系。比起美国银行，日本银行电子化稍有落后，但紧跟计算机技术、通信技术和金融工程发展步伐，为日本金融事业称雄亚洲起到了举足轻重的作用。日本银行界一般把全国计算机系统划分为行内系统（inner bank system）和跨行系统（inter bank system）。我国银行电子化的发展，相对发达工业国家而言，起步较晚，但发展速度较快。当前，我国消费者的互联网思维和消费习惯已处于领先地位。

2. 银行 2.0：网络化阶段

随着信息技术与互联网的高速发展，世界上第一家网络银行于 1995 年在美国诞生。网络银行较传统银行，主要具有如下优点：一是网络银行能够大大降低银行经营成本。据有关方面测算，以单笔业务的成本计算，营业点为 1.07 美元，电话银行为 0.54 美元，ATM 为 0.27 美元，而通过互联网则只需 0.1 美元。二是网络银行能够加强银行与客户的联系。网络银行系统与客户之间，可以通过电子邮件、账户查询、贷款申请或档案更新等途径，实现网络在线实时沟通，客户可以在任何时间、任何地方通过因特网就能得到银行的金融服务，完全不受时空限制。三是网络银行能够大大提高银行服务质量。由于银行实现网络化必然会形成和提升金融的自动化，并将促进虚拟化金融市场的形成和发展，从而使银行业务能够突破时间和空间的限制。

目前，网络银行对银行的经营与管理已经产生深远的影响。一是网络银行已经成为银行金融创新的重要平台。目前许多银行新产品的开发、销售、分析等都离不开网络的支持，银行的网络化大大提高了金融创新效率。此外，由于网络银行增进了银行与客户的联系，强化了银行“以客户为中心”的理念，使其组织结构、业务流程、服务模式进一步以客户导向模式进行创新。二是网络银行已经成为银行展现自己形象的重要平台。银行通过其网络银行推介最新产品、介绍最新动态、发布投资公告等，给社会展现出良好的品牌形象。三是网络银行已经成为与银行物理网点协同发展的重要平台。银行以“水泥 + 鼠标”的模式将银行卡、网络银行、电话银行、手机银行及网点柜台等整合在一起，为客户提供了一个多渠道、全方位服务交易平台。

3. 银行 3.0：移动化阶段

移动互联网金融指互联网企业利用大数据、云计算、移动支付、智能搜索等现代信息技术来提供传统金融服务，它是互联网金融的延伸。移动互联网的崛起倒逼着银行业转型，手机银行等新业态快速成长。为顺应移动互联网普及的市场趋势，各国银行着力在移动银行、快捷支付等方面提升金融服务，加速向数字化转型升级。

移动互联网金融由于在金融资源的可获得性、降低交易成本、解决信息不对称、资源配置去中介化等方面更具优势，对传统商业银行造成了全面冲击：一是改变了银行与客户的关系和支付、信用体系；二是影响了商业银行的信贷和理财业务；三是加速了金融脱媒的趋势；四是对银行的支付安全构成了威胁。

4. 银行 4.0：数字化阶段

在这一阶段，金融技术开始影响银行产业的发展，许多银行企业开始依赖大数据、AI、区块链、云计算和生物识别等关键技术。自 2009 年以来，包括花旗银行、摩根大通、摩根士丹利和高盛集团等大规模开拓金融科技领域，中国开始在金融技术领域发挥实力，并相继在支付、贷款和财富管理领域增加战略投资。中国国内的大规模银行也加速了其在金融技术领域的布局速度。就科技公司而言，例如，腾讯发起的微众银行和阿里发起的网上商家银行，代表了科技公司以科技赋能金融业务的民营银行，直接进入银行产业，成为数字银行的主要参与者。调查数据显示，截至 2022 年 6 月，中国移动互联网月活用户达 11.9 亿。艾媒咨询分析师认为，移动互联网用户的普及，加速了数字化银行的形成，为中国银行业数字化转型赋能组织成长的需求和发展提供了土壤。

根据麦肯锡公司对国际银行业的调研结果，全球领先银行已将税前利润的 17% ～ 20% 用作研发经费布局颠覆性技术，以加速银行数字化转型，如图 3-3 所示。过去 10 年，高盛、花旗、摩根大通、汇丰等国际领先的银行对金融科技领域的投资主要聚焦在资本市场、财富和资产管理、支付、数据和分析以及相关重要领域。以摩根大通为例，2017—2018 年摩根大通的技术投入总额从 95 亿美元提高到 108 亿美元，占上年营业收入的比重从 9.6% 上升到 10%，占上年净利润的比重从 38% 上升到 44%。摩根大通计划 2022 年将技术投入提高至 120 亿美元。这些资金重点投向了数字银行、在线投顾、机器人技术、网络安全等领域的技术应用和产品开发，其中较大部分资金定向投资于云计算、人工智能等新兴金融科技领域。汇丰银行明确数字化战略目标为“从根本上将业务模式和企业组织数字化，全面推进以客户为中心、以数字化为驱动的客户旅程再造”，并把打造以手机为中心的未来智能银行作为重要任务，计划于 2019 年至 2022 年按复合年增长率 7% 至 10% 增加科技投资，2019 年和

2020 年分别投资了 53 亿美元和 55 亿美元。荷兰国际集团（International Netherlands Groups，ING）银行提出前瞻思考（think forward）战略，对标领先科技公司，着力打造敏捷组织转型、开放式创新平台、金融科技三大引擎，立志转型成为一家从事金融服务的科技公司。西班牙对外银行（Banco Blibao Vizcaya Argentaria，BBVA）以“成为全球数字银行的领军者”为发展愿景，通过整体布局、分步推进转型，欲成为数字化转型的急先锋。近几年来，国内商业银行也加大科技投资。2020 年银行业信息科技资金总投入从 2019 年的 1 732 亿元增至 2 078 亿元，2021 年达到 2 500 亿元，2022 年突破 3 100 亿元。

银行（*n*=327）		优秀者（*n*=225）	
数字化	31%	数字化	31%
收入/业务增长	18%	收入/业务增长	20%
卓越运营	10%	卓越运营	16%
客户体验	10%	客户体验	11%
成本优化/降低	9%	数据和分析	7%
数据和分析	8%	新产品和服务	7%
现代化（遗留系统）	7%	成本优化/降低	7%
商业化模式变化	7%	AI/机器学习	6%
安全性	6%	改变商业模式	6%
新产品/服务	5%	行业化	6%

图 3-3 银行业优先级事项

3.1.2 国内银行业数字化转型的政策保障

在“十四五”规划提出“要发展数字经济，推进数字产业化和产业数字化，推动数字经济和实体经济深度融合”后，全社会各行各业都在推进数字化转型，金融机构数字化转型就成了一道必答题而非选择题。进入 2022 年，国家相关政策陆续出台，为银行业数字化转型描绘了清晰的路线图。其中，中国人民银行发布的《金融科技发展规划（2022—2025 年）》，明确了金融数字化转型的总体思路、发展目标、重点任务和实施保障，并提出“加快金融服务智慧再造，重塑智能高效的服务流程。在交付能力方面，及时掌握分析内外部环境和需求变化，以产品敏捷交付为主线制定清晰研发工作规程，将智能模型、工具、系统贯穿于产品服务的全部数字化设计工序，借助业务开发运维一体化（BizDevOps）、最小化可行产品（minimum viable product，MVP）等“小步快跑”方式，搭建低成本试错、快速迭代的交付模式，通过仿真模拟、可用性测试、净推荐值（net promoter score，NPS）调研等方法充分评估应用成效，并持续优化完善产品开发和交付质量。在业务效率方面，RPA、NLP、ICR 等智能技术开展端到端数字化流程重构，打通部门间业务阻隔与流程断点，实现跨角色、跨时序的业务灵活定制与编排，打造环节无缝衔接、信息实时交互、资源协同高效的业务处理模式，更好支撑数字化业务快速发展”。中国银行保险监督管理委员会办公厅发布《关于银行业保险业数字化转型的指导意见》，对银行业数字化转型机制、方法和行动步骤等方面予以规范和指导，提出“大力推进个人金融服务数字化转型。充分利用科技手段开展个人金融产品营销和服务，拓展线上渠道，丰富服务场景，加强线上线下业务协同。构建面向互联网客群的经营管理体系，强化客户体验管理，增强线上客户需求洞察能力，推动营销、交易、服务、风控线上化智能化”。

3.2　当前银行业数字化转型趋势

随着金融科技的快速渗透和智能移动终端的持续普及，客户更加青睐简单、便捷、智能化的金融服务，尤其是在新冠疫情的影响下，数字化、劳动力虚拟化、安全与监控、企业责任、新生态系统的崛起和注重成本削减等趋势凸显。麦肯锡公司一项最新调研显示：75% 的银行客户希望在 5 分钟内获得在线帮助；61% 的客户更愿意选择提供定制化服务的公司。数字化转型的核心要求银行进行“端到端”的数字化改造，一方面满足客户日新月异的需求，另一方面为银行价值链创造新机会。

根据高德纳最新发布的《2022 年 12 大技术趋势》，超自动化已连续 3 年入选技术趋势报告，成为入选次数最多技术之一，充分说明超自动化在全球数字化转型浪潮中继续担任重要角色，以及超自动化市场将保持高速增长趋势 [6]。超自动化是一种技术合集，主要包括：RPA、低代码开发平台、流程挖掘、AI 等创新技术，如图 3-4 所示，RPA 将成为超级自动化技术发展的开端，到 2022 年底，85% 的大型和超大型组织都将部署某种形态的 RPA。RPA 的适用非常广泛，可以精简和优化多个行业的商业流程，以金融行业为例，RPA 可以适用于从银行贷款审批到证券交易清算，再到保险申请索赔等金融场景内的多个环节。在银行领域，RPA 主要用于风险控制、资产选择、数据分析、运营管理、渠道建设等场景，例如，信贷财报自动录入、监管上报、保函业务开立、信用卡发卡信用调查及在线审批等业务。研究表明，RPA 给 60%~75% 的银行流程带来约 30%~40% 的效能提升，全面帮助银行在各个场景中解决流程自动化难题。

银行（n=379）		优秀者（n=230）	
AI/机器学习	27%	AI/机器学习	40%
数据分析（包括预测分析）	20%	数据分析（包括预测分析）	23%
数字化转型	13%	云（包括XaaS）	12%
云（包括XaaS）	9%	数字化转型	10%
移动（包括5G）	9%	移动（包括5G）	7%
区块链	8%	RPA	6%
RPA*	5%	IoT	6%
自动化	4%	区块链	5%
行业性	4%	自动化	3%
BI	3%	信息技术	3%

图 3-4　银行业具备改变游戏规则影响力的技术

国外领先金融机构早已在不同的应用领域中尝试了 RPA 的布局与试点工作，积累了丰富的经验并取得了令人瞩目的成绩，如图 3-5 所示。

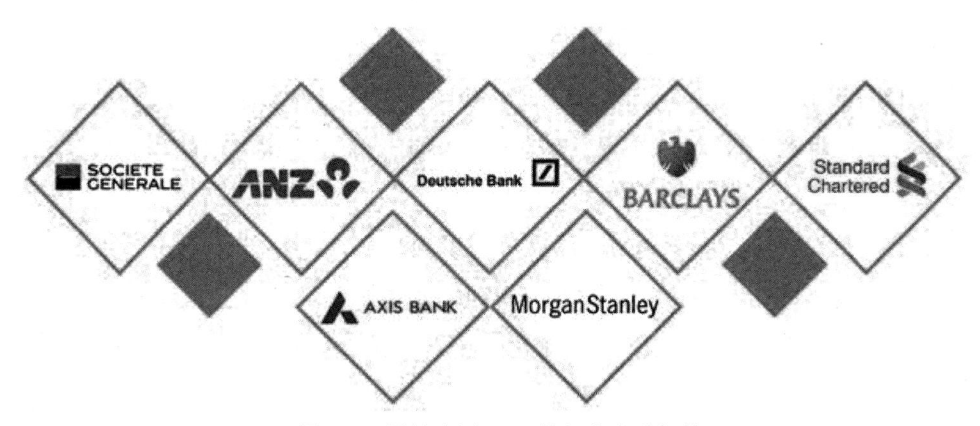

图 3-5　国外应用 RPA 的部分金融机构

法国兴业银行已将 RPA 运用于投资银行部、人力资源部、财务部、合规部，将大量常规工作任务自动化，包括从网站上获取信息并自动整理至文件夹中。工作人员可以在白天专注于分析和决策环节的工作，晚间由 RPA 软件机器人工作，提升了流程标准化，降低了运营风险，提升了客户体验。

波兰银行通过 RPA 应用，实现了银行系统的流程自动化和整合，降低了运营风险。波兰银行在未改变现有 IT 系统的基础上成功实施了 RPA，实施后流程的执行速度提升了 2~5 倍，个人成本节省达 85% 以上，有望节省 16%~20% 的全职员工人力。

澳新银行是澳大利亚的四大银行之一，业务遍布全球33个国家。在发展中，澳新银行也曾遇到过面临海量的运营流程缺乏灵活的管控机制，员工聘用及后续的入职、培训等任务极大地消耗了高层管理者的精力等问题。澳新银行引进RPA，旨在解决运营流程缺乏处理工作量变化弹性的问题，提高数据输入的正确性，使员工从单调重复的事务劳动中得到解放。应用RPA后，机器人一年节约的工作量相当于300位全职员工的年工作量总和；降本幅度高达每年300万美元；在多达20个领域实现了整体作业流程自动化能力。澳新银行在其贷款业务、薪资管理、人力资源操作等方面实现了高效应用，推动了整体后台流程的优化，获得了立竿见影的效益。

印度AXIS银行已经将RPA运用到ATM/POS运营、零售贷款、结算等业务场景中。其整体数字化转型采取了三步走的发展策略，优先进行流程优化，再进行移动办公改造，最后进行自动化及AI变革。印度AXIS银行通过RPA应用，ATM对账从T+2变成T+0日常对账，并且能够实时解决交易纠纷，更快地响应客户；零售信贷支付周转时间降低了10%，并能够实时设置核准贷款的担保、费用等；实现7×24小时无缝批量处理公司客户大规模资金的业务请求；清算处理涉及的云服务器（elasitic compute service，ECS）内部授权实现批量请求及异常报告的实时处理；全面实现人力节省、营收提升、客户满意度提升的三大目标。

在新西兰合作银行的RPA应用中，在12个月内挑选10个流程并实现自动化，员工需求从11个降低到2个，审计流程用时从传统人工操作6~7小时降低到机器人1分钟内完成，每小时销户数从12个提高到200个，实现了客户服务水平、流程速度、准确率的提升。

此外，德意志银行、巴克莱银行、摩根斯坦利等银行也先后将RPA技术运用到实际银行业务场景当中。德意志银行在贸易金融、现金运营、贷款运营领域进行了流程自动化的改造。各大领域整体作业流程超过30%实现了自动化，大幅降低了员工培训时间。巴克莱银行将RPA应用于欺诈识别、风险监控、贷款申请，节约了大约120位全职员工一年的工作量，坏账准备金减少了1.75亿英镑。在摩根斯坦利银行个人房屋贷款和小企业贷款放款业务场景的RPA实践中，80%的交易流程由原来的3周缩短至几小时内即可完成。渣打银行对公开户业务的客户录入时间由原先的20天骤减至5分钟。

目前，国内银行在流程机器人方面已起步探索并取得阶段性的成绩，将RPA技术积极应用于零售金融、企业金融、同业金融、风险管理、运营管理、人力资源、信息技术等不同的业务场景，实现运营的自动化和数字化升级，如图3-6所示。在零售金融方面，RPA技术涵盖了贷后催收、贷款产品推荐、个人失信查询等业务场景；在企业金融方面，RPA 技术涵盖了对公开户、授信业务、财务报表采集与分析、电子催收等业务场景；在同业金融方面，RPA 技术涵盖了同业拆入存放、余额调节表制作等业务场景；在风险管理方面，RPA 技术涵盖了监管报送、信用审批、合同合规审核等具体业务场景；在运营管理方面，RPA 技术在指标统计、费用报销、合同报备等业务场景中有着良好的应用；在人力资源与信息技术领域，RPA 技术也有着不同程度的应用范围，如图 3-7 所示。

图 3-6　RPA 应用于银行业的核心业务场景

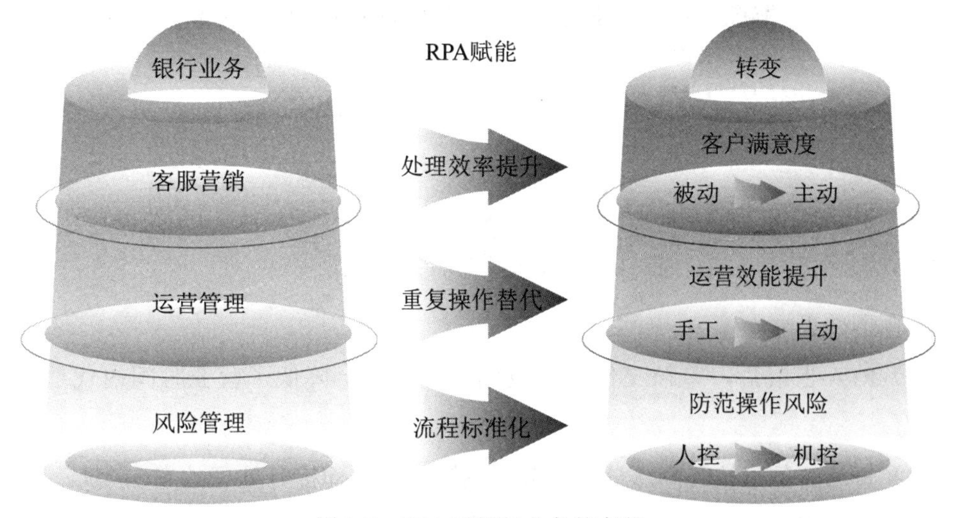

图 3-7　RPA 对银行业务的变革

3.3　RPA 在银行业的典型业务场景

3.3.1　运营管理部

1. 国库退税

1）业务背景

依据国家 2019 年减税降费政策，某市级银行需要 2 个月内协助税务部门完成当地 20 万家小微企业的退税工作。但目前依靠人工手动操作，每笔凭证录入至少耗时 5 分钟；并且在短时间内完成如此大量的退税工作，给营业时间内的代理支库系统带来了极大的压力。

2）RPA 技术实现内容

无须改造银行现有系统，RPA 机器人可以模拟柜员操作，直接完成退税业务凭证的审核，如图 3-8 所示。

图 3-8　国库退税业务的自动化流程

3）预期效果

（1）RPA 上线后，审核工作可在夜间自动处理，降低了营业时间内代理支库系统的压力。

（2）每笔业务审核时间从分钟级降低到秒级，从而提升处理效率。

（3）RPA 机器人上线后可替代支库部分原人工操作，释放人力，降低成本。

（4）RPA 机器人可采用统一标准，将错误率降为 0，极大地提升了业务的合规性。

2. 对公账户开立及报备

1）业务背景

为落实党中央、国务院“放管服”改革要求，优化营商环境，企业在银行开立、变更、撤销基本存款账户、临时存款账户，由核准制改为备案制，人民银行不再核发开户许可证，大幅缩短开户时间。

企业基本存款户开立事先核准改为事后报备，且要求在当日内完成报备。人工操作分为以下 4 步。

（1）网点预审核信息、尽职调查（征信查询）。

（2）银行内部开立账户、审核账户。

（3）开户信息提交至中国人民银行账户管理系统（报备）。

（4）启用账户和归档过程中需要跨多个内外部系统，操作烦琐耗时，且中国人民银行会对报备错误予以处罚（跨系统协同）。

2）RPA 技术实现内容

无须改造银行现有系统，RPA 机器人可以模拟柜员操作，接管其中的征信查询、报备、跨系统协同等操作，如图 3-9 所示。

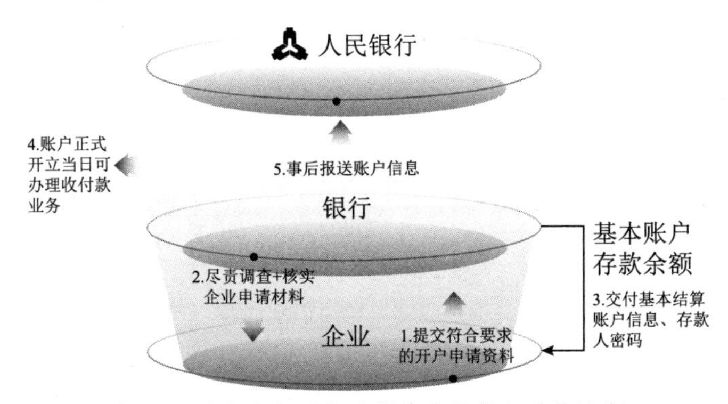

图 3-9　对公账户开立及报备业务的自动化流程

（1）企业征信查询：从营业执照复印件中读取社会信用代码，先后登录国家企业信用信息公示系统《违法失信名单—全国商事公示平台》《核实商事公示信息—全国商事公示平台》《未申领机构信用代码证—机构信用代码系统》查找信息，将结果中的企业名称、法定代表人、注册资本、营业期限、登记状态、住所、经营范围、股东及出资信息中股东名称和认缴额等与申请资料核对，并查找是否有失信、诉讼记录。

（2）获取开户待报备清单：登录人行系统录入备案信息，完成开户备案，生成虚拟打印文件，获取报备结果，自动邮件反馈网点备案结果。

（3）在对公客户账户完成开立后，系统根据人行账管系统的要素要求，从综合业务系统提取相关信息并完成账户信息报送。

3）预期效果

（1）投产当日成功完成自动备案，备案成功率 100%，可替代柜员操作，备案操作时间缩短 90% 以上。

（2）客户等待时间缩短，客户体验和服务口碑提升。

3. 碎片录入

1）业务背景

根据行内无纸化要求，某行运管部建设了凭证碎片录入系统。该系统由 30 名人力外包人员操作。每张凭证首先经过系统扫描并自动根据边框切割为碎片，然后推送到操作员屏幕上由人工识别并录入。每张碎片图像要经过两名人员分别录入，识别一致则入库，不一致则推送至第三人复核。由于人工操作耗时费力，为了运营管理考虑引入 OCR 识别技术，但在推行时受到两大阻力。

（1）OCR 的识别命中率（准确度）是否能够满足业务需求。

（2）原碎片系统的供应商改造报价较高、工期较长且不对 OCR 识别内容的正确与否负责。

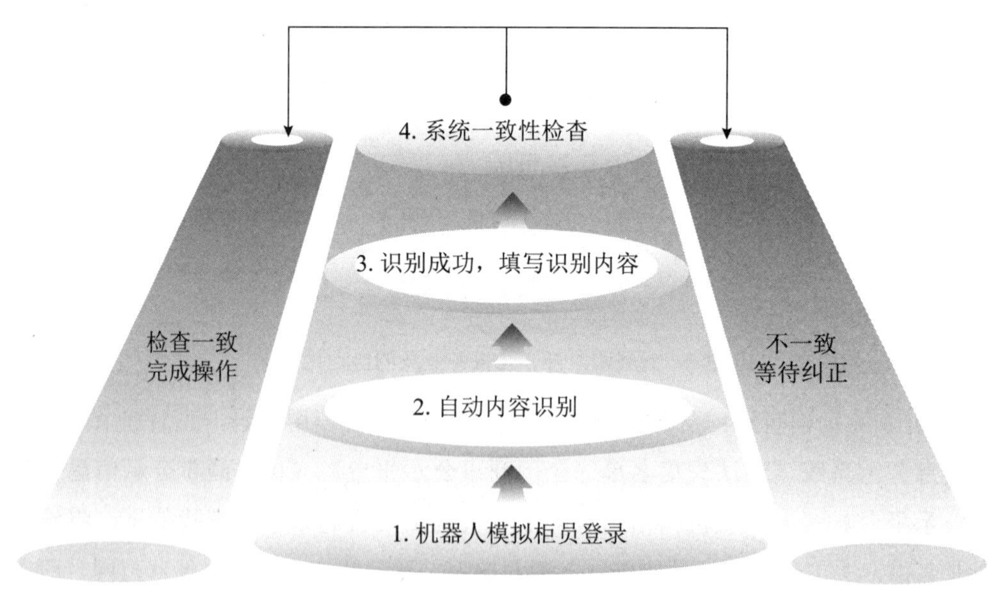

图 3-10　碎片录入业务的自动化流程

2）RPA 技术实现内容

无须改造银行现有系统，RPA 可快速完成和 OCR 系统的集成部署，以及机器人流程的开发。机器人模拟柜员登录，在得到推送碎片后调用 OCR 算法完成内容识别，将识别内容写回识别结果输入框。同时，机器人会根据算法的确信度参数，决定提交或推送至人工核实，如图 3-10 所示。

3）预期效果

RPA 上线后相关机打凭证碎片的工作由“两录一检”改为“一人录一机器人录一检”。

4. “双录”质量复核

1）业务背景

根据银保监会对销售理财产品的“双录”规定管理，银行营业网点在销售理财产品时必须在指定区域进行并录音录像。但由于双录系统和业务系统相互独立，客观上存在数据不一致和音像内容不达标的风险。同时，内容查验工作非常耗时，运管部的人员配置难以做到对“双录”的全面复核，相关业务存在监管风险。

2）RPA 技术实现内容

无须改造银行现有系统，RPA 机器人可以模拟柜员操作，每日检索昨日理财销售记录，除了逐笔完成音视频文件的一致性检查，还通过 AI 技术完成内容检查，如图 3-11 所示。

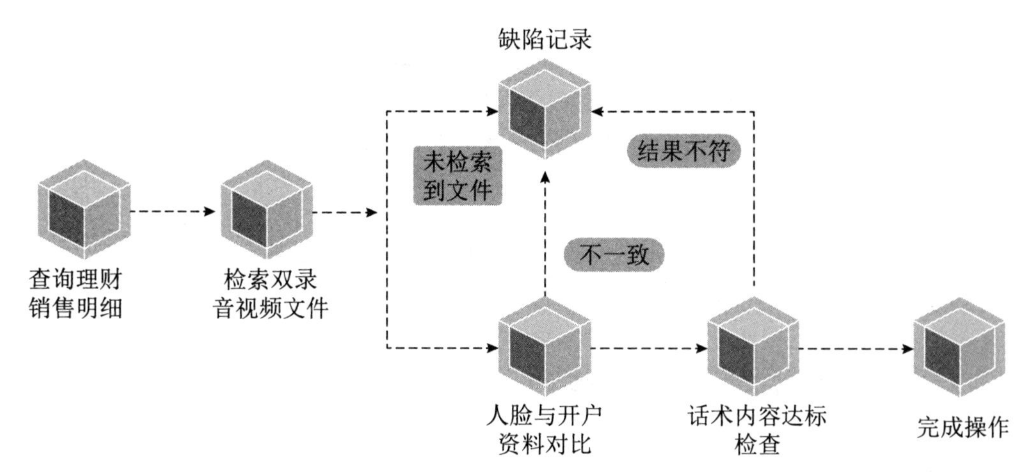

图 3-11　“双录”质量复核业务的自动化流程

（1）业务办理人脸和账户身份证一致性校验。

（2）风险提示话术检查。

3）预期效果

（1）RPA 上线后相关审核工作由原来的人工抽查变为 RPA 机器人逐个检查。

（2）改造后 RPA 完全替代人力，实现人力释放。

3.3.2 信用卡中心

1. 信用卡风险排查

1）业务背景

银行信用卡中心需要定期进行信用卡交易用途的线下排查和伪冒数据合并等操作。相关数据准备和报表制作的人工操作效率较低，人力成本高。

2）RPA 技术实现内容

无须改造银行现有系统，RPA 机器人直接接管原人工操作，完成相关报表的制作，如图 3-12 所示。

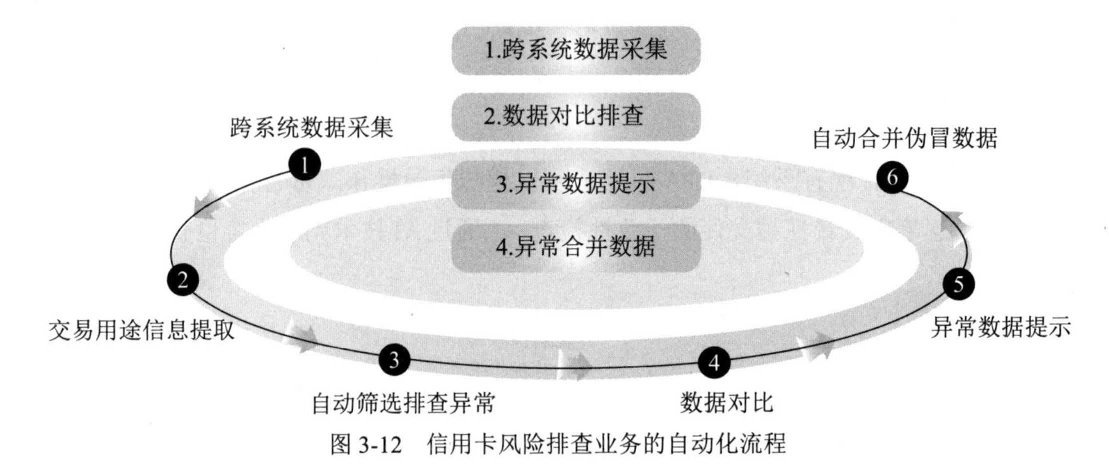

图 3-12 信用卡风险排查业务的自动化流程

3）预期效果

（1）RPA 上线后，信用卡风险排查工作的所需时长可实现减半。

（2）交易用途排查、伪冒数据报表加工效率可实现倍增。

2. 透支资产管理及逾期不良户催收

1）业务背景

信用卡中心定期收集相关业务数据，包括以下几个方面。

（1）按支行统计信用卡透支资产总额，把指定网点号归属到支行，便于考核支行信用卡透支资产。

（2）把汽车分期付款业务逾期户、不良户，匹配到汽车分期合作机构及客户经理，便于针对性催收。

（3）信用卡逾期不良户按受理网点号归属至支行，便于统计支行信用卡不良资产额。

（4）提取逾期不良户还款账户、贷款账户信息及身份证号码加入黑名单。

2）RPA 技术实现内容

无须改造银行现有系统，RPA 机器人直接接管，完成相关报表的制作、分派递送和黑名单归集等操作，如图 3-13 所示。

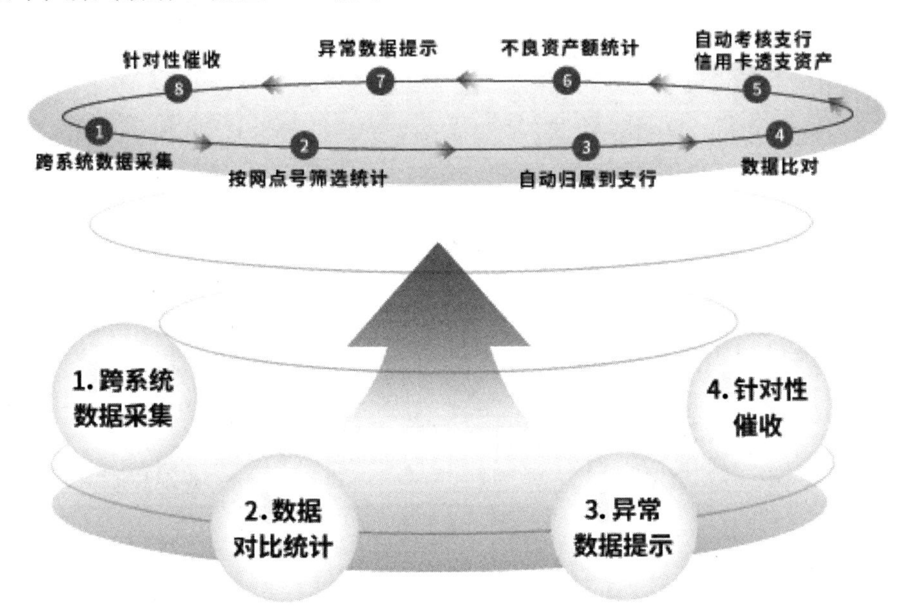

图 3-13　透支资产管理及逾期不良户催收业务的自动化流程

3）预期效果

（1）减少人手操作，自动获取业务数据，提高数据准确性与时效性。

（2）异常数据及时提示。

3. 发卡个人信用调查

1）业务背景

对申领信用卡的个人信用情况进行调查，除了需要通过行内系统进行查询，还需要根据行内总结的规则自行判断个人资料的可靠性，包括单位地址真实性、住宅地址真实性、双异地、征信登记、反欺诈信息等。每笔审批耗时复杂，对可靠性规则的执行情况因人而异，存在错漏。

2）RPA 技术实现内容

无须改造银行现有系统，RPA 机器人直接接管了整个内部查验、外部查验和可靠性规则查验过程，如图 3-14 所示。

（1）机器人检索个人申请。

（2）根据申请人信息，自动完成以下查询内容。

①人行征信库。

②互联网个贷征信库。

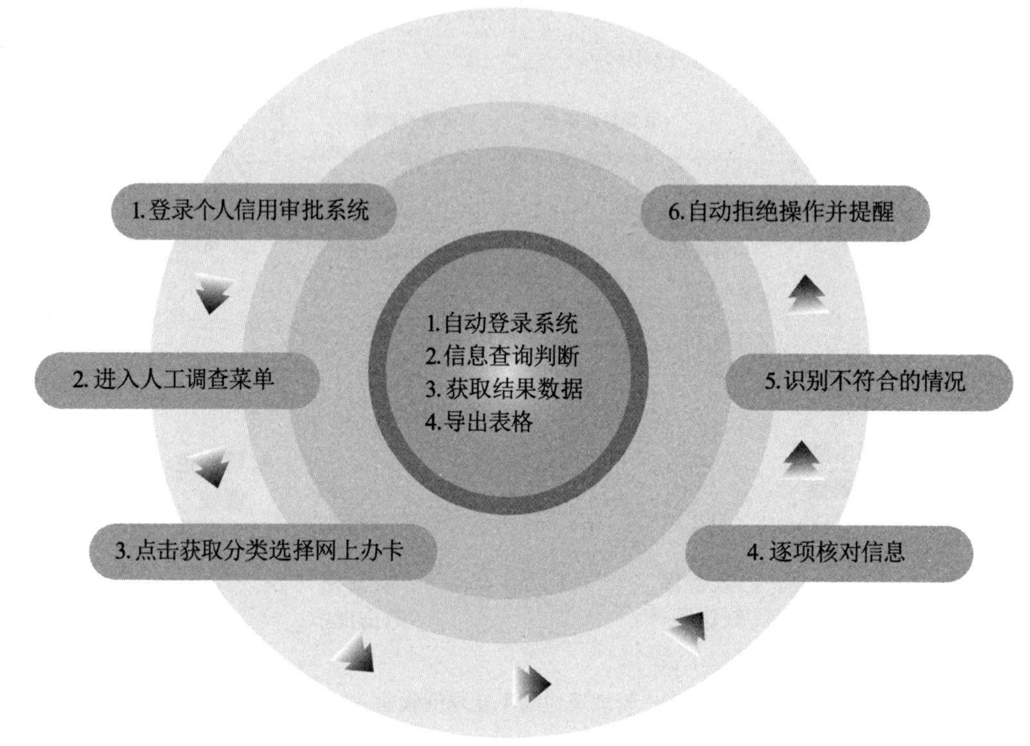

图3-14　发卡个人信用调查业务的自动化流程

③天眼查法人信息库。

④企查查法人信息库。

⑤关联企业人行征信库。

⑥地址有效性通过互联网地图查验。

⑦行内总结的可靠性规则。

⑧机器人自动合并查询结果并发送内容至业务人员。

3）预期效果

（1）RPA独立完成90%操作工作，极大降低每笔业务处理时间，大大增加征信核查的范围和力度。

（2）解决地址有效性查验难题。

4. 客服工单调额处理

1）业务背景

客户致电呼叫中心提出调额申请后形成工单；每日由信审人员完成审批操作，再逐一完成调额工单的回复。

2）RPA 技术实现内容

无须改造银行现有系统，RPA 机器人接管了调额信审流程 90% 的工作，如图 3-15 所示。

图 3-15　客服工单调额处理业务的自动化流程

（1）机器人从客服工单系统获取信用卡调额信息；

（2）机器人收集调降工单，登入银联数据智能信用卡管理系统进行处理，并反馈处理结果给工单系统；

（3）机器人收集待处理任务件工单，反馈到信审平台，通过对比信审平台的姓名、ID 号码，反馈信息到信审平台对应任务件的提示框内；

（4）机器人抓取信审平台的处理结果，反馈给工单系统。

3）预期效果

90% 的操作由 RPA 独立完成，RPA 实施后平均每笔业务处理时间由分钟级降低到秒级。

3.3.3 托管部

1）业务背景

托管部每日需要完成托管资产名下资金清算，进行托管资产会计核算和估值，并完成相关报表的编制。由于业务来源于证券投资基金托管、委托资产托管、社保基金托管、企业年金托管、信托资产托管、农村社会保障基金托管、基本养老保险个人账户基金托管、补充医疗保险基金托管、收支账户托管、合格境外机构投资者（qualified foreign institutional investors，QFII）托管、贵重物品托管等，每种业务的对接系统不同，核算方案不同，导致许多工作还无法进行自动化处理，必须手工操作，在多个系统间传递文件、核对结果、绘制报表，系统操作的鼠标点击的次数达到上百次，手工处理部分的工作量大、规则复杂容易出错。

2）RPA 技术实现内容

无须改造银行现有系统，RPA 机器人直接接管估值、清算、报表编制整个过程。

（1）自动估值。自动收取来自不同渠道的文件，选择账套导入文件数据，自动生成凭证，自动生成估值表，如图 3-16 所示。

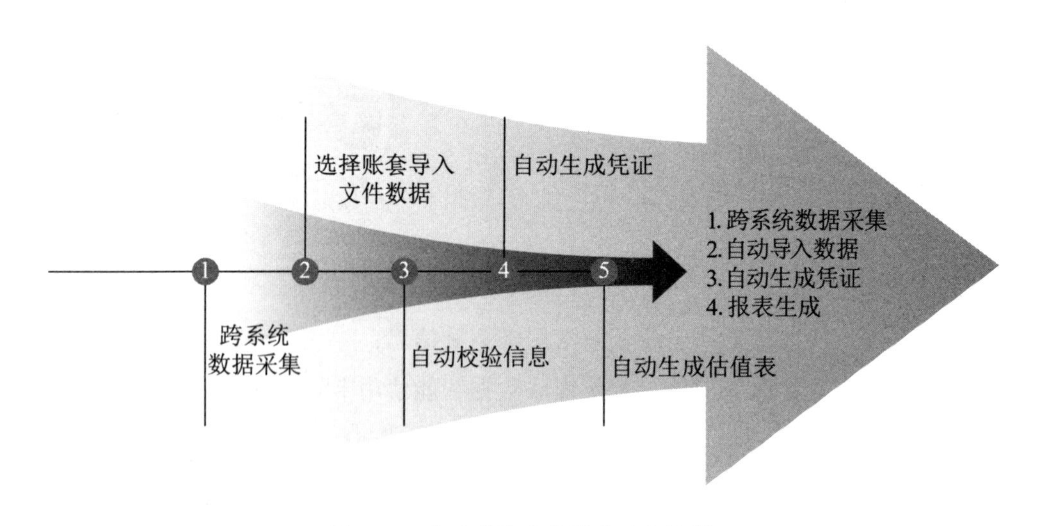

图 3-16　自动估值业务的自动化流程

（2）投资交易清算。清算文件的接收与检验，日终清算流程，清算结果导出与发送，日初始化操作，如图 3-17 所示。

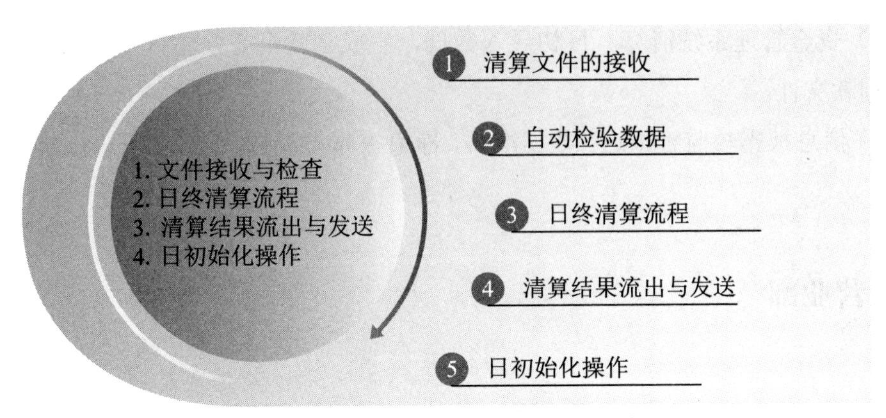

图 3-17　投资交易清算业务的自动化流程

（3）TA 清算。文件准备与检查，日初始化，行情数据处理，交易申请数据处理，结果导出，如图 3-18 所示。

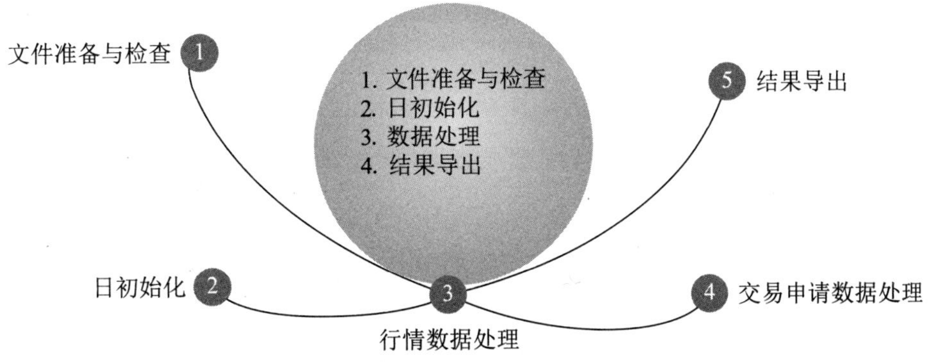

图 3-18　过户登记（transfer agent，TA）清算业务的自动化流程

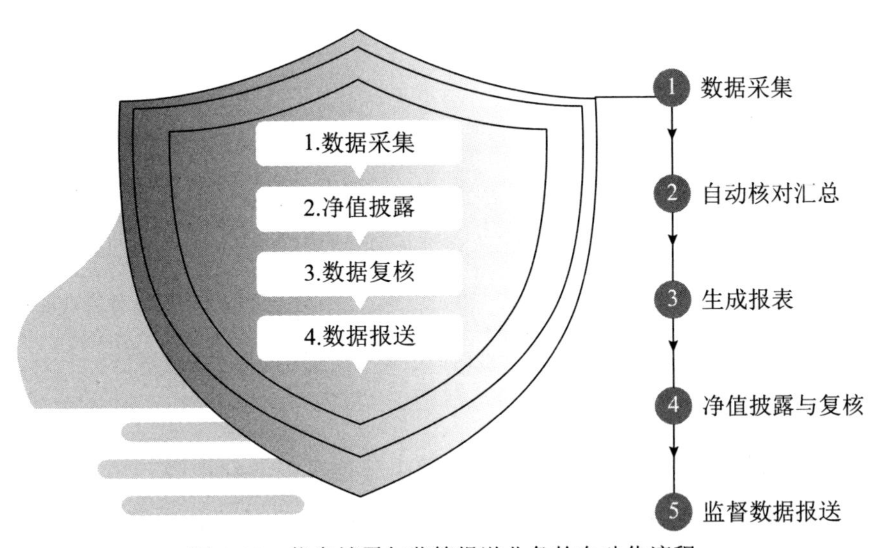

图 3-19　信息披露与监管报送业务的自动化流程

（4）资金管理系统清算。日初导入数据，生成划款批令，生成费用分成指令，下载批量划款文件。

（5）信息披露与监管报送。数据准备，净值披露与复核，监管数据报送，如图 3-19 所示。

3.3.4　营业部

1. 自助机具非营业时间设置流程

1）业务背景

为了提高安全性并节省能耗，每逢法定节假日，所有网点自助机具的开关时间和非营业日需要手动在自助设备技术运营管理平台系统里进行设置，并且在法定假日结束前，再手动恢复。

2）RPA 技术实现内容

无须改造银行现有系统，RPA 机器人直接根据交易日历完成营业部机具的逐一设置和恢复，如图 3-20 所示。

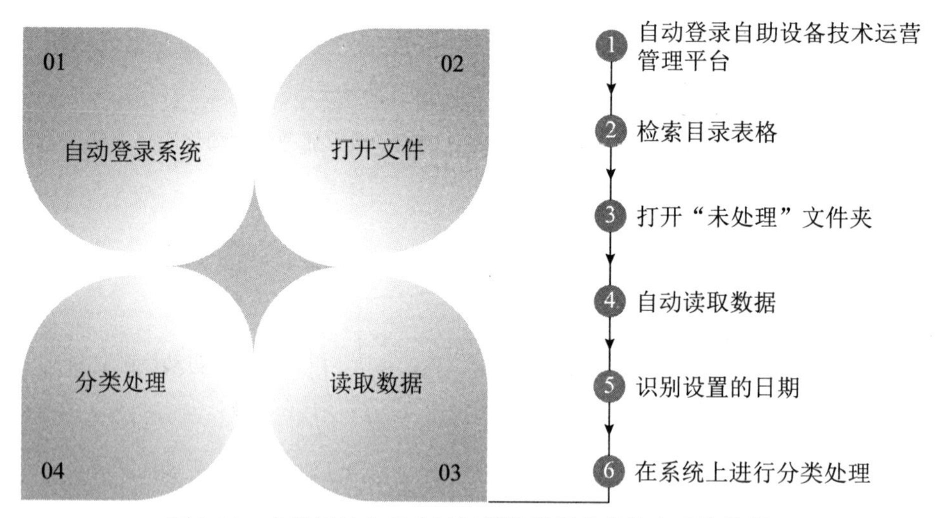

图 3-20　自助机具非营业时间设置流程业务的自动化流程

3）预期效果

（1）RPA 实施后平均每笔业务处理时间由分钟级降低到秒级。

（2）RPA 机器人操作可将人工大批量操作 20% 左右的错误率降低为 0。

（3）RPA 上线后实现无人值守，对非营业时间设置业务数可实现不设限。

2. 电子保函业务

1）业务背景

担保公司将投标保函信息以 Excel 或纸质文件方式提交给银行，银行通过人工录入到自身系统，待保函审批流程结束后打印、盖章发回给担保公司。该业务对时效要求较高，需要当天 6 点前完成保函出具工作。保函合同出具过程极为复杂，且在操作过程中容易出错。一旦出错就容易对客户的后续投标行为造成重大影响，甚至引发客户投诉。

2）RPA 技术实现内容

RPA 机器人模拟人工完成纸质文件识别或 Excel 的批量录入，并实时监管行内审批流程，在审批通过后生成电子保函并加盖电子公章，再将电子保函提供给担保公司，如图 3-21 所示。

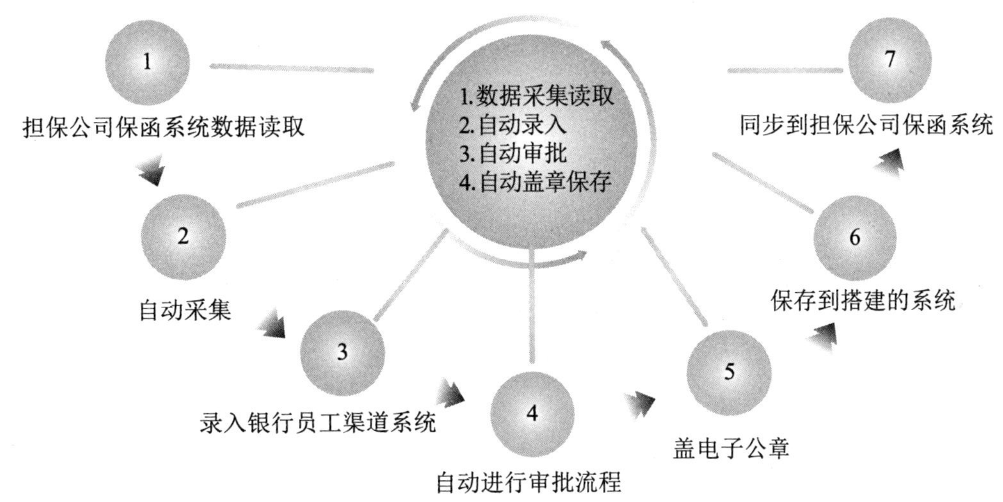

图 3-21　电子保函业务的自动化流程

3）预期效果

机器人处理一单的平均时间相比原来人工处理可实现减半以上，半年实现 RPA 的投资回报。

3. 空头支票管理

1）业务背景

营业部需要每日根据退票信息进行各种查询，补充完整后形成上报报表，并最终提交上级机构。

2）RPA 技术实现内容

无须改造银行现有系统，RPA 机器人可以直接完成全部过程的接管，如图 3-22 所示。

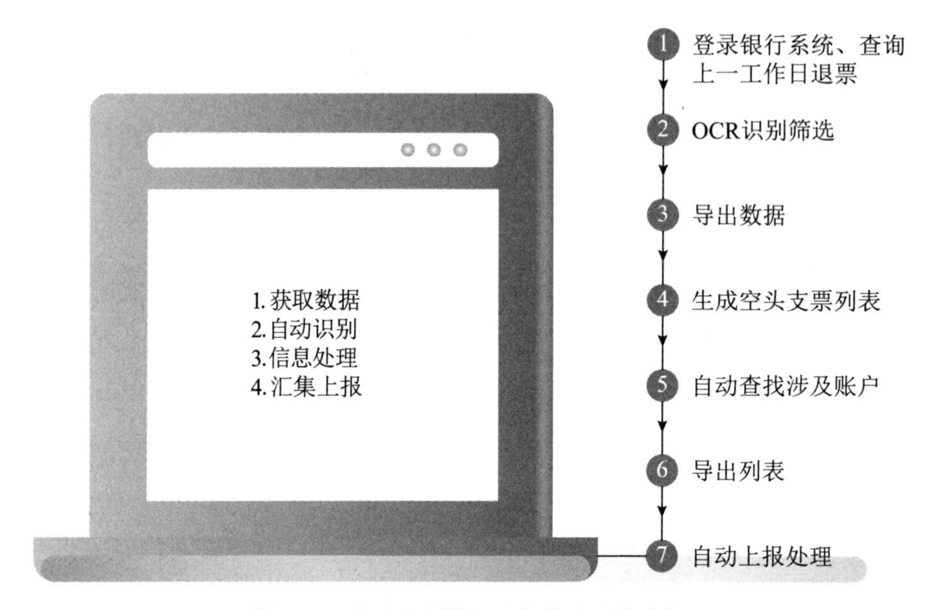

图 3-22　空头支票管理业务的自动化流程

（1）获取数据：每日登录银行票据管理系统，查询上一工作日退票并导出。

（2）自动识别：OCR 识别筛选，记录支票号，生成空头支票列表。

（3）信息处理：导出列表并进行上报，自动查找涉及账户丰富交易信息。

（4）汇集上报：进行上报处理。

4. 反洗钱补录

1）业务背景

某行反洗钱补录全年业务量在 300 万笔左右，由业务处理中心和 9 家分行承担，日均 1.8 万笔，而人均日处理量为 500 笔，耗费大量人力。

2）RPA 技术实现内容

使用 RPA 代替人工完成交易明细归属地查询、关联系统交易要素丰富等合规校验工作，如图 3-23 所示。

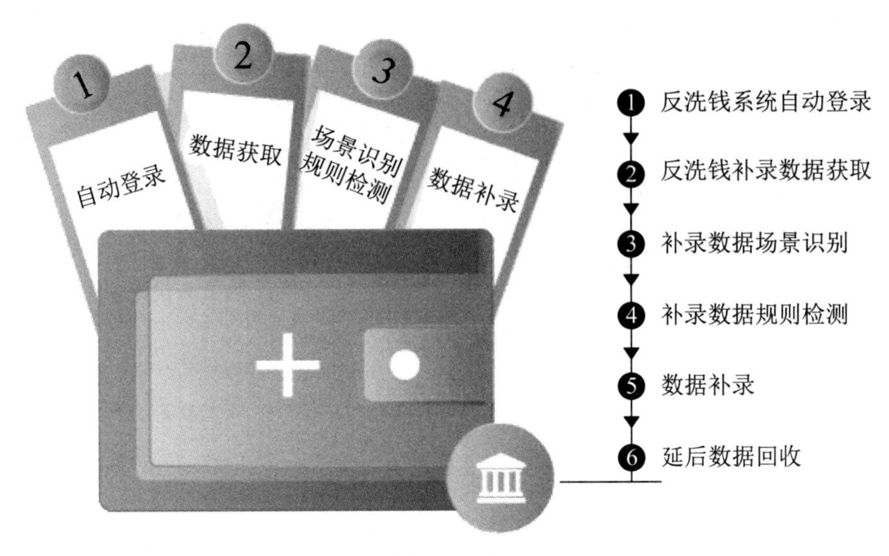

图 3-23　反洗钱补录业务的自动化流程

3）预期效果

（1）RPA 机器人可 7×24 小时全天候执行信息补录。

（2）与人工操作的执行效率相比，提高 5 倍以上。

3.3.5　国际业务部

1）业务背景

每日需要对跨行支付的大额报文进行分拣，并根据规则进行分类处理。

2）RPA 技术实现内容

无须改造银行现有系统，RPA 机器人可以接管整个操作过程，如图 3-24 所示。

（1）登录身份认证与集中授权平台。

（2）选择清算业务管理系统。

（3）进入人民币跨行支付系统。

（4）完成支付报文内容详情阅读。

（5）自动查看报文详细信息，按规则分类处理。

3）预期效果

（1）单笔报文处理效率提升 3 倍以上。

（2）RPA 投产后，可保证业务处理零差错，减少业务复核和二次处理的风险。

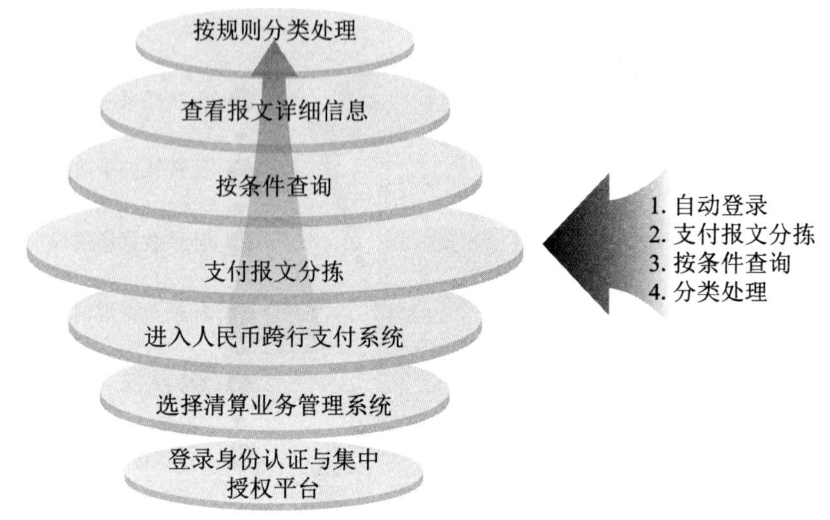

图 3-24　跨行大额报文分拣、退汇处理业务的自动化流程

3.3.6　信贷管理部

1. 贷款户财报自动录入

1）业务背景

信贷部需要定期搜集贷款机构的报表，提取核心经营数据，进行经营情况分析，再录入到系统中。虽然内部编制了一些分析用 Excel 模板，但还需要由人工去适配客户的报表模板或完成纸质报表的手工转换。

2）RPA 技术实现内容

无须改造银行现有系统，RPA 机器人直接接管了整个财务报表的扫描、阅读、提取指标的过程，如图 3-25 所示。

（1）扫描导入：完成扫描导入图像 / 影像，进行材料预处理。

（2）自动识别：通过 OCR 识别能力，对图像进行纠偏处理，并进行模板匹配，同时完成自动识别，获取识别结果。

（3）校验：差错修改，科目校对，试算平衡。

（4）导出数据并录入信贷系统：实时批量导出数据，随即录入到信贷系统中。

3）预期效果

90% 操作工作由 RPA 独立完成，平均每笔业务处理效率提高 5 倍以上。

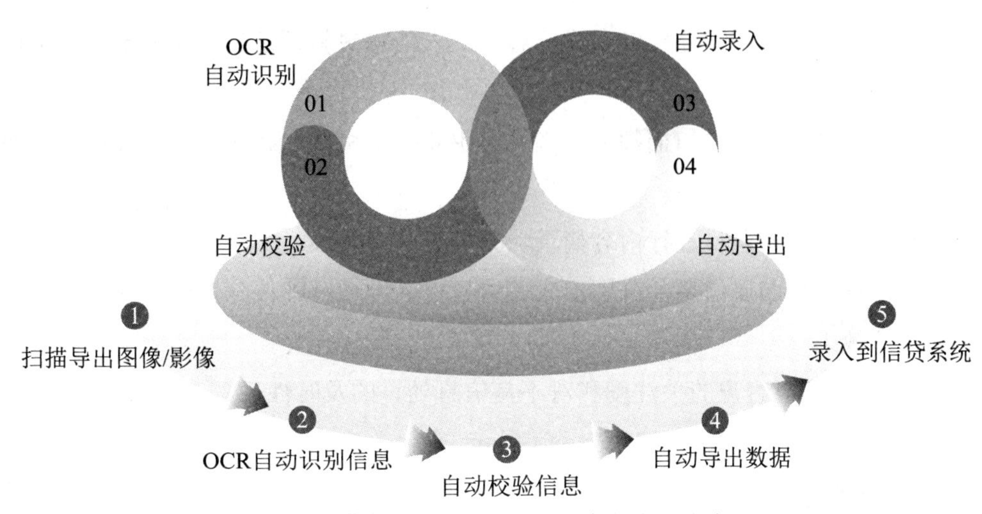

图 3-25　贷款户财报自动录入业务的自动化流程

2. 贷款户网络舆情跟踪

1）业务背景

为了提高贷后管理力度，信贷部希望能对大额贷款企业、法人以及行业的网络舆情进行持续跟踪，将每日新增的新闻、博客等进行摘录，再分发至相关信贷经理阅读。而大部分工作无法通过人工完成，并且购买的第三方服务在个性需求的响应方面不够及时友好，将会影响到业务的正常开展。

2）RPA 技术实现内容

无须改造银行现有系统，RPA 机器人直接接管舆情跟踪条目的扫描、摘录、分发的过程，如图 3-26 所示。

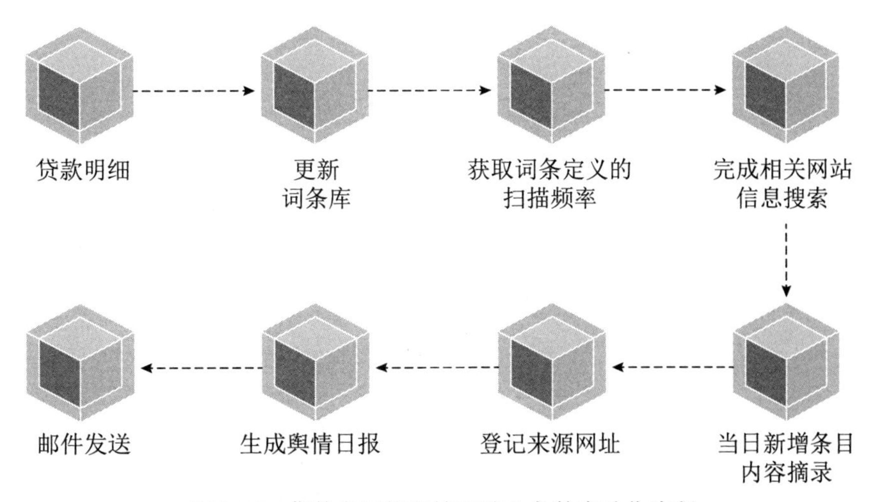

图 3-26　贷款户网络舆情跟踪业务的自动化流程

（1）每日从贷款明细中提取企业信息和法人信息更新词条库；该词条库也可以被信贷部手工调整。

（2）根据词条定义的扫描频率，完成对主要搜索引擎、新闻网站、行业管理网站等的搜索。

（3）对当日新增条目进行内容摘录，并登记来源网址。

（4）根据账户归属信息，分别形成舆情日报，并通过邮件分发至有关信贷经理。

3）预期效果

提高信贷经理对客户的关注度和对不良信息处置的及时性。

3.3.7　计划财务部

1. 发票报销

1）业务背景

财务部在收到报销单据后，首先需要完成扫描，再根据发票的内容，逐笔完成发票真伪查询、金额和报销单据的比对，在财务系统中编制财务凭证。相关工作耗时、枯燥，并存在错漏的可能性。

2）RPA技术实现内容

无须改造银行现有系统，RPA机器人直接接管了整个凭证的识别、审核、录入的过程，如图3-27所示。

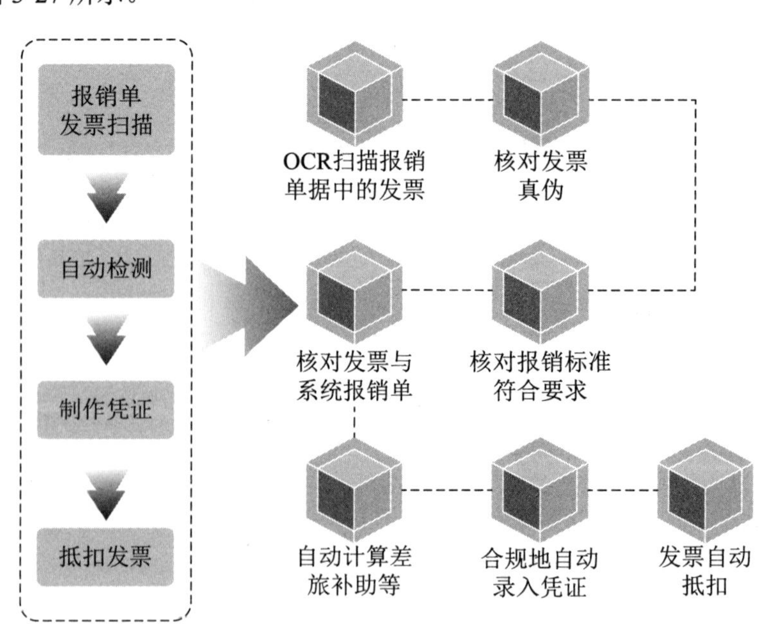

图3-27　发票报销业务的自动化流程

（1）机器人识别发票扫描件，调用 OCR 完成内容提取。

（2）自动检测：核对发票真伪，核对发票与系统报销单，核对报销标准是否符合行业报销制度要求。

（3）制作凭证：自动计算差旅补助等，合规地自动录入凭证。

（4）抵扣发票：发票自动抵扣。

3）预期效果

95% 操作工作由 RPA 独立完成，平均每笔业务处理效率提高 10 倍以上。

3.3.8　信息技术部

1. 监管上报

1）业务背景

根据银保监会监管要求，必须定期完成 IT 动态风险报送。但是由于相关表格涉及内容跨越各个系统，需要人工手动操作完成相关数据的汇总、查验。相关工作耗时、复杂，容易出错，影响报送质量。

2）RPA 技术实现内容

无须改造银行现有系统，RPA 机器人直接接管了整个监管报表的数据提取，指标加工，查验工作，并在人工复核后完成自动上报，如图 3-28 所示。

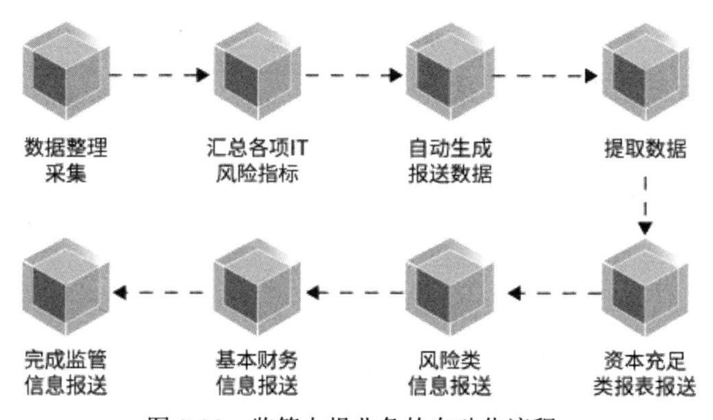

图 3-28　监管上报业务的自动化流程

（1）IT 动态风险报送：RPA 机器人自动从 IT 运维管理系统抓取数据，汇总各项 IT 风险指标，自动生成报送数据，实现自动报送。

（2）资本充足类报表报送：包括资本充足率、核心资本充足率、表内资产平均风险权重、表外资产平均风险权重等 15 项指标，自动上报。

（3）风险类信息报送：包括信用风险、流动性风险、市场风险等数据上报。

（4）基本财务信息报送：资产负债表、利润表、利润分配表、表外业务统计表。

（5）按监管部门要求的报送方式、报送内容、报送频率和保密级别报送非现场监管需要的数据和非数据信息，包括日报、周报、月报、季报、半年报、年报等。

3）预期效果

95% 操作工作由 RPA 独立完成，平均每次报表准备时间减少到原来的 1%。

第 4 章 RPA 在证券业的应用与分析

随着行业竞争的加剧，提升内部运营管理水平，降低人力成本，加快实现智能化运营与数字化运营，成为目前证券企业的机遇和挑战。证券公司在经历高速的规模扩张后，原有粗放运营模式导致成本高、效率低的问题凸显，普遍存在流程自动化不足、业务监控不全面、数据统计和分析能力薄弱等痛点，且因为证券业的波动性特征，需要建立更精细的管理方式。

近年来，以AI、区块链、云计算、大数据等为代表的数字技术的创新发展在给证券行业带来冲击的同时，也为行业引入了新的产业元素、服务业态和商业模式，拓宽了证券行业的业务边界。在数字化浪潮方兴未艾的新形势下，推动证券行业数字化转型，实现动力变革、效率变革、质量变革，是实现我国证券行业高质量发展的必由之路。

在各级政策的指引下，国内多家券商将金融科技纳入公司可持续发展战略与核心竞争力，头部券商纷纷加大金融科技领域的人才招聘与资金投入。这个时间节点跟RPA技术引入的时间大致相当，国内一些券商在2016年前开始探索RPA的应用。RPA技术助推证券行业数字化转型升级的效果较为显著，相关数据表明：从2017年开始，证券行业开始加大对技术的投资力度，投入力度呈稳步增长之势。截至2019年年底，我国证券行业的信息技术投入达205.01亿元，同比增长10.49%，占2018年营业收入的比重为8.07%。

4.1 证券业的数字化转型历程

4.1.1 国内外证券业数字化转型发展

我国证券行业在信息技术投入方面经历了以交易无纸化为重点的电子化阶段、以业务线上化为重点的互联网证券阶段，目前正处于向数字化转型阶段。

1990年12月19日，上海证券交易所开业，第一笔交易通过计算机自动撮合配对系统完成。

1992 年 2 月 25 日，深圳证券交易所正式启用计算机自动撮合竞价系统，实现了由手工竞价作业向计算机自动撮合运作的过渡。

1994 年底，我国全面开通双向卫星通信网，证券市场基本实现了股票发行、交易、清算交割的全程无纸化。

1996—1998 年，我国实现了交易所席位无形化，实现了实时成交回报。

4.1.2　国内证券业数字化转型的政策保障

2016 年国务院颁布的《十三五国家科技创新规划》提出，要“促进科技金融产品和服务创新，建设国家科技产融创新中心”，后续发布了一系列金融科技相关的政策。自 2018 年以来，金融监管部门先后出台《证券基金经营机构信息技术管理办法》《金融科技（FinTech）发展规划（2019—2021 年）》等文件，提出应增强金融业科技应用能力，实现金融与科技深度融合、协调发展，进一步明确促进信息技术与业务、风控及合规管理深度融合的要求，以及增强人民群众对数字化、网络化、智能化金融产品和服务满意度的发展目标。中国共产党的十九届五中全会提出“数字中国”建设，客观上要求证券行业加快数字化转型。中国人民银行（以下简称“央行”）制定的《金融科技发展规划（2019—2021 年）》不仅为金融业数字化转型指明了方向，也提供了依据。

2020 年 9 月，中国证券业协会对证券行业数字化转型情况进行了调研，并发布了《关于推进证券行业数字化转型发展的研究报告》。报告指出，随着新一轮科技革命与产业变革的深入推进，以 AI、区块链、云计算、大数据等为代表的数字技术在证券领域的应用场景不断拓宽，深刻改变着行业业务开展、风险控制、合规监管等，并催生了智能投顾、智能投研、金融云等新型服务或产品。报告针对证券行业数字化转型给出了建议：鼓励证券公司加大信息技术和科技创新投入，“在确保信息系统安全可靠的基础上，加大金融科技领域研究，探索 AI、大数据、云计算等技术应用，提高金融科技开发和应用水平”。

“十四五”规划将“数字经济”单列一章，成为浓墨重彩的一笔，比“十三五”规划所提出的“网络经济”更上一个台阶，既强调了要用好数字经济，发挥数字技术优势，也要营造良好数字生态，兼具积极和稳健性，明确了数字产业进步才是金融科技未来发展的“康庄大道”。

4.2 当前证券业数字化转型趋势

随着以数字技术驱动证券行业发展成为广泛共识，数字技术在经纪业务、财富管理、系统运维、风险管理等领域不断落地，应用场景也在不断拓宽。近年来，移动互联、AI、大数据、云计算等数字技术的交叉融合应用逐渐成为证券行业提高运营效率、增强盈利能力的有力抓手。尽管目前国内多数证券公司能够通过数字技术提供并优化远程开户、在线交易、智能投顾、智能客服等服务，但证券行业数字化转型仍然面临一些困难，主要体现在：①证券行业数字化转型的投入与银行、保险等金融机构相比，力度稍显不足；②证券行业数字化转型人才支撑不足；③证券行业的数据价值凸显，更容易遭受数据泄露和网络攻击，行业数据安全问题亟待解决。

证券行业数字化转型升级，要求证券公司将数字化转型上升到战略高度，以保护投资者利益，提高市场运行效率和监管效率，防范系统性风险，构建新发展格局，实现创新驱动、更好地服务实体经济为出发点，并在以下环节做出变革。

（1）证券公司内部要构建数字化转型工作的管理和推进组织，对整个工作进程进行指导管理，保证数字化转型工作顺利进行。数字化转型的推进组织最好由公司的管理人和有直接关系的责任人负责，要确定管理小组内各成员的责任分工，要结合企业文化确定执行决策，保证成本和执行力，实现利益和管理效果的平衡。

（2）良好的数字化文化是企业实现数字化转型工作的基础。企业要通过数字化转型组织对数字化文化进行宣传和推广，构建浓厚的数字文化氛围，保证转型工作的顺利进行。

（3）培养多元数字化人才。人才是企业发展的关键，实现数字化转型的重点就要从人才的角度入手，深化证券行业从业人员对数字化技术的应用能力，保证从业人员具备优秀的数字化思维水平和整体运用能力，能够在证券行业中引入数字化的发展模式和流程。可以通过外引内荐的方式，从企业内部选拔优秀的人才，为证券公司数字化转型储备数字化人才；从外部引入专家和专业人员，强化证券公司的专业性。另外，要根据证券公司对数字化转型研发水平的分析加大对科研型人才的引进力度，要以开放包容的环境氛围吸引更多的优秀工程师。强化队伍的工作能力，提高企业的创新能力，组成多元化的人才团队，促进数字化转型的实现。

（4）重视数字化体系建设。强化客户体验，整合零售资源，打造覆盖所有零售客户服务项目的零售体系，通过构建体系化的拓客机制，加强中后台与一线联动，用精准匹配的服务与产品，实现营销与服务一体化。同时，加强客户分层分级管理，定位不同层次客户的多样化需求，优化资源配置，助力企业财富管理转型。面向机构客户建立一站式综合金融服务体系，最大化挖掘客户价值，标准化和差异化相结合，敏捷高效响应客户需求，优化机构客户服务能力。关注客户全生命周期服务的机构体系建设能够极大地提升机构板块的服务质量，拓宽机构业务交叉销售的可能性，提升证券公司品牌影响力。通过投资交易体系的建设，提升自营板块的交易能力和风险管理能力，提高自营业务交易效率和准确率，并逐渐向全币种、全品类、全市场的目标靠近，支撑自营板块在投资效率、投资管理基础设施与投后管理等方向的优化需求，以及行业内投资交易一体化趋势，形成投资交易良性循环，保障自营板块高速稳健发展。打造投行业务平台，优化投行服务机制，全面促进投行数字化体系建设，提高业务执行效率，降本增效，实现业务管理标准化、规范化，提升整体客户服务能力，通过机构业务协同服务机制，实现交叉销售互利共赢，支撑投行板块在数字化建设上迈向更高层次。

（5）构建智能运营体系，支撑业务管理融合发展。在保证安全的基础上，要实现办公流与业务流的融合，实现端到端串接，有效促进风控、合规、登记结算、财务、人力、审计等中后台组织的高效运转，确保业务顺利进行，避免重复性高、附加值低的手工劳作，为业务和管理融合提供高效支撑。首先，要利用监管科技，对运营、交易、自营、信用等各个条线的风控资源进行调控，从业务的发展角度实现全程化管理，从内外监控制度落实管理细则，从整体和局部视角强化风险管理，保证风险在可控制范围内，确保风险可测、可承受，助力证券公司健康发展；其次，要对现有的清算和结算方式进行整合管理，按照行业实际构建统一“清算中心”，全天 24 小时不间断为业务清算服务，实现差错调整实时化和影响最小化，实现清算、结算全流程的自动化、可视化、智能化；最后，要打破财务和业务的阻碍，实现业财一体化融合，达到财务、业务的闭环追踪检视的目标，从财务视角提供决策依据，打造智慧决策支持体系，提升趋势预测及业务指导能力。

（6）强化流程再造，提高数字业务发展水平。各个企业的业务流程再造与优化能够直接提高其经营水平。在实际管理工作中，证券公司要重视业务流程的整理和优化，以此来管理并平衡公司内部的控制管理工作以及减少经营风险，这项工作需要公司内部全体成员共同参与并长期坚持，能够在一定意义上保证内部管理的顺利进行，从根本上规避企业的经营风险。优化流程要站在顶层和全局的角度来看问题，要以客户需求为宗旨，观察流程细节，发现问题不足，对流程的对象、类别和风险分别进行优化，实现流程效率的整体提高，强化客户体验，减轻员工压力，促进管理目标的优化进程。

（7）发掘数据价值，促进业务创新发展。要根据大数据和 AI 等先进技术的指引，进行深入地分析了解客户、市场和行业的特点，以此来实现业务的创新发展，结合高水平的洞察力掌握数据价值，以此来强化企业的竞争能力。首先，要从海量的数据当中提取具有行业价值的内容，结合具体细节制定符合客户需求的个性化、智能化的金融服务；其次，要提升和证券公司发展战略相符合的高质量数据资产的能力，在数据分析中了解能够支撑企业经营管理决策、帮助企业实现财富积累的内容；最后，要在大量的数据中找寻规律，发现风险，总结发展方向，对员工、客户、产品和服务价值进行深入分析，做出管理决策，预先设置风险控制方案，做出业务发展计划，实现服务的整体优化。

（8）加大技术投入，强化IT建设体系。证券公司要重视IT基础建设，通过定制专业的规范和制度确保相应工作顺利进行，以此来满足不断变化的市场需求，强化企业的市场竞争力，完善企业的技术核心能力。站在整体的角度分析，改变传统的IT构架，重视服务发展，开拓设计思路，重视用户体验，完善管理流程，要将系统建设从内部管理发展成与用户连接的实时智能系统。在顶层设计的指引下，建设以客户体验为驱动的应用前台，以服务为导向的业务中台，以安全高效快速灵活为目标的弹性IT架构后台，以智慧化资产化为标准的数据智慧平台，打造引领业务发展的数字化、智能化IT支撑体系。

4.3 RPA在证券业的典型应用

4.3.1 经纪业务

1. 配售中签放弃申报

1）业务背景

当投资者中签新股又自动放弃缴款时，券商需要进行配售中签放弃申报操作。

2）RPA技术实现内容

RPA替代人工执行业务流程中重复烦琐的操作，自动登录经纪业务平台，获取相关配售数据，并自动完成放弃申报的相关操作，如图4-1所示。

3）预期实施效果

RPA机器人上线前，每天需1人执行相关操作，每次耗时20分钟；RPA机器人上线后，机器人每天自动执行任务流程，效率提升50%。

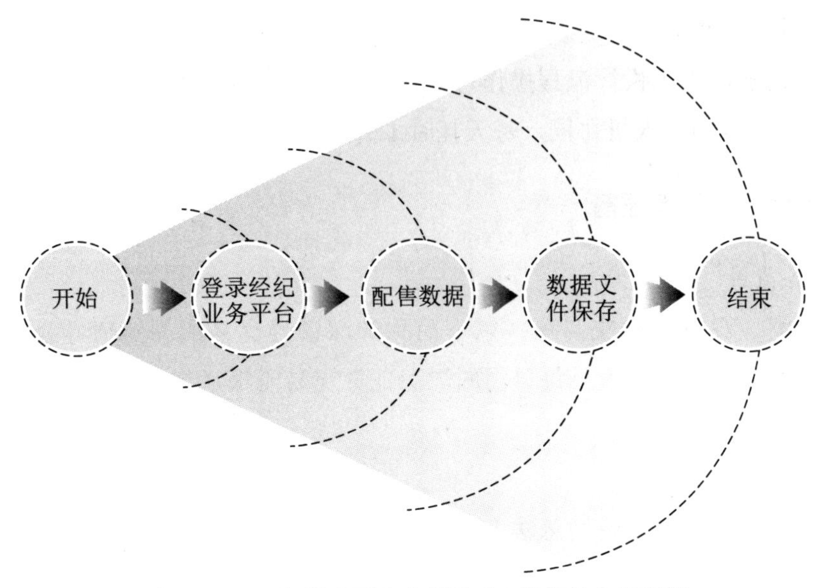

图 4-1　RPA 机器人配售中签放弃申报任务执行流程

2. 开户征信检查

1）业务背景

券商工作人员需要对新开户人员进行征信检查，每天重复从 Excel 表格中获取开户人员的姓名和身份证号，然后登录中国证券监督管理委员会官网进行查询。

2）RPA 技术实现内容

RPA 替代人工自动获取开户人员数据信息，并自动进行征信查询操作，如图 4-2 所示。

图 4-2　RPA 机器人开户征信检查任务执行流程

3）预期实施效果

RPA 上线前，人工执行流程操作每人每天耗时 5 分钟；RPA 上线后，机器人自动后台值守，实现 100% 人机协同，每天耗时 1 分钟。

3. 债券合格投资者报备

1）业务背景

根据上海、深圳证券交易所（以下简称沪深证券交易所）对债券合格投资者适当性管理要求，券商工作人员每日需向沪深证券交易所报送当日开通债券合格投资者数据。

2）RPA 技术实现内容

RPA 替代人工自动登录新意法人系统导出数据库表；并登录上交所、深交所系统进行报备文件上传，如图 4-3 所示。

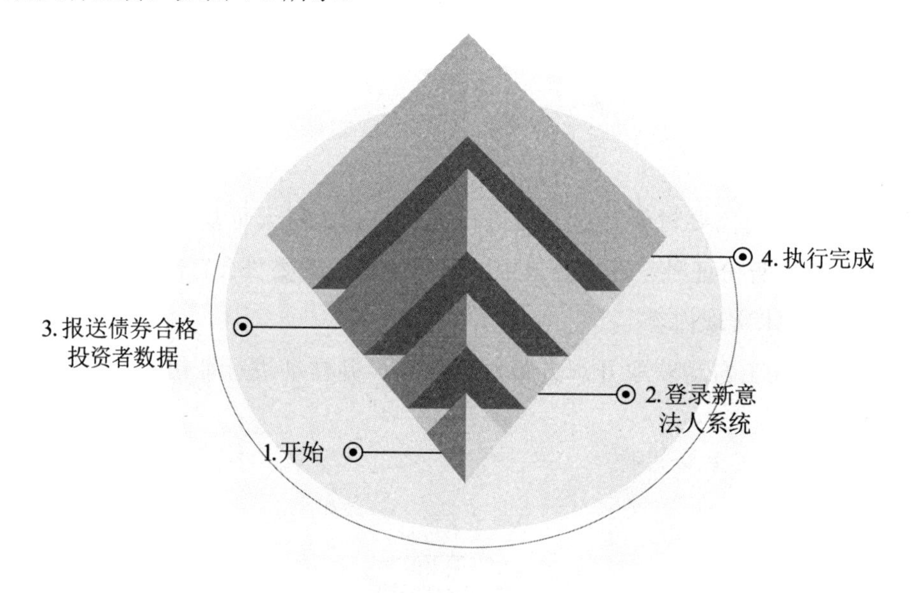

图 4-3 RPA 机器人证券合格投资者申报流程

3）预期实施效果

RPA 上线前，人工执行流程操作每人每次耗时 10 分钟；RPA 上线后，机器人自动后台值守，实现 95% 人机协同，每次耗时 1 分钟。

4.3.2　资管业务

1. 风控管理系统估值数据填报

1）业务背景

工作人员每天需要进行不同系统间的跨系统操作，登录估值系统获取资产净值和资产份额数据，并填报到风控系统。

2）RPA 技术实现内容

RPA 替代人工自动登录估值系统，找到相对应的模块导出数据，并对数据进行处理，根据条件筛选后求和，最后登录风控系统，将数据填报至对应的模块，如图 4-4 所示。

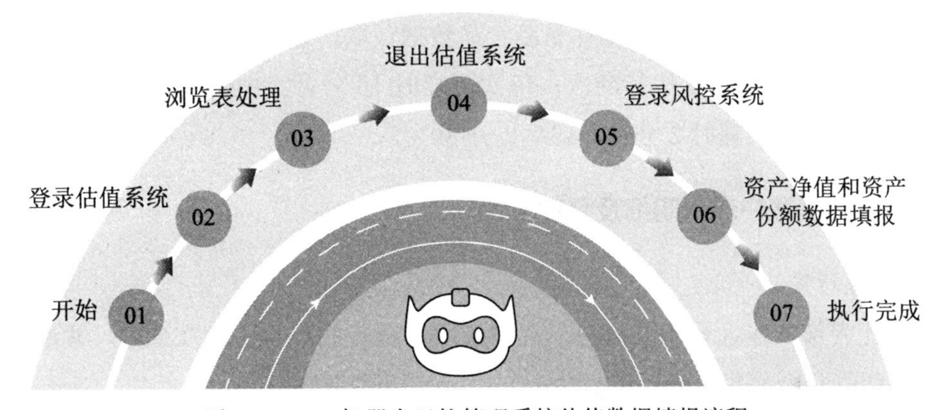

图 4-4　RPA 机器人风控管理系统估值数据填报流程

3）预期实施效果

RPA 上线前，每天需要人工执行相关流程操作，耗时费力；RPA 上线后，实现人机协同，效率提高 50%。

2. 私募产品公告自动上传

1）业务背景

某证券财务管理部工作人员需要每日多时段登录到邮箱查看私募公告邮件，下载私募产品公告附件，并上传公告到产品中心。依靠人工操作完成邮件的下载和上传，操作重复烦琐且效率低下。

2）RPA 技术实现内容

RPA 机器人自动登录邮箱系统读取邮件，自动汇总数据，保存附件并上传附件到文件传输协议（file transfer protocol，FTP），最后自动登录产品中心系统，完成附件上传，如图 4-5 所示。

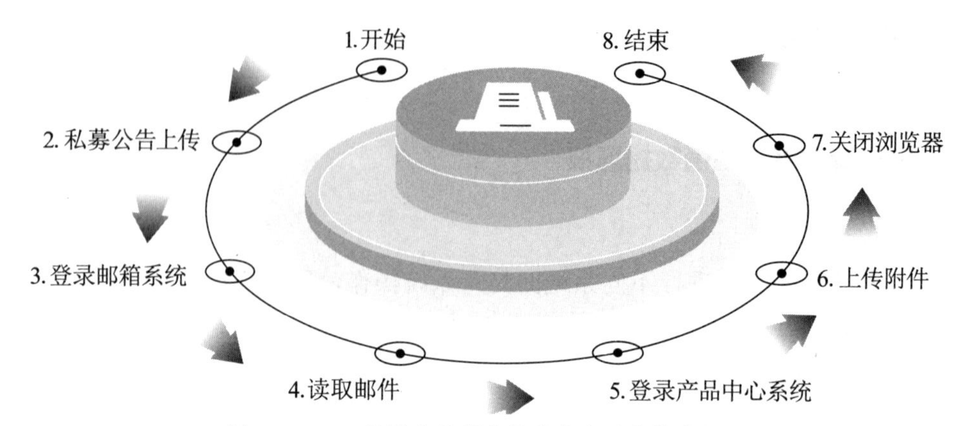

图 4-5 RPA 机器人私募产品公告自动上传流程

3）预期实施效果

RPA 机器人替代人工完成邮件私募产品数据获取，保证了数据时效性，RPA 机器人上线前，依赖人工每日执行两次，每次需耗时 10 分钟；RPA 机器人上线后，每日定时执行两次，每次耗时 2 分钟，效率提升 80%。

3. 银行网银账户流水明细及余额下载

1）业务背景

资产托管部工作人员需要每日下载多家网站银行的数据明细及余额，并通过邮件将发送的明细和余额报表进行解析储存。

2）RPA 技术实现内容

RPA 替代人工执行业务流程中重复、烦琐的操作，每日自动登录不同系统下载各大银行账户余额及明细，如图 4-6 所示。

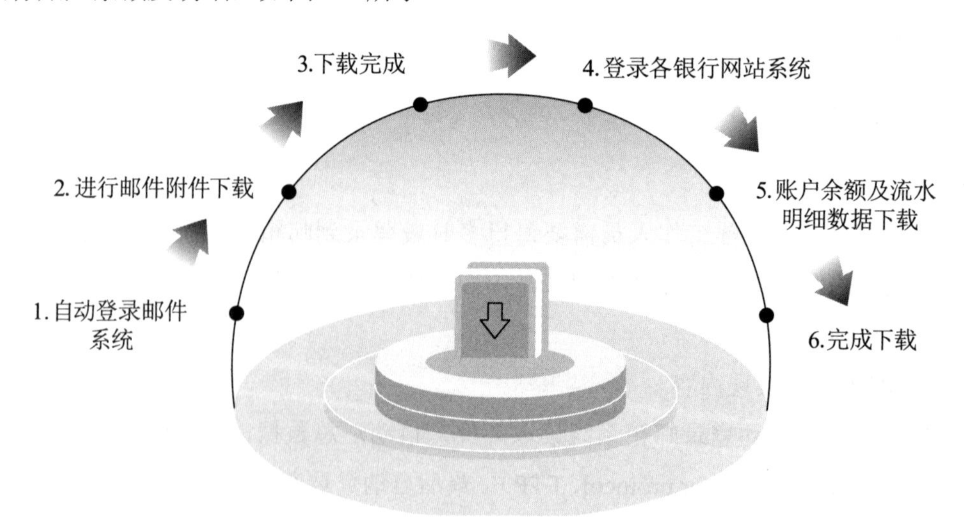

图 4-6 RPA 机器人银行网银账户流水明细及余额下载流程

3）预期实施效果

每日自动登录邮件系统下载邮件附件，并登录各银行网站系统进行余额下载预约和明细下载，进行数据储存，效率大幅提升，实现了 100% 业务流程自动化操作。

4. 债券合格投资者数据报送

1）业务背景

工作人员需要每日从账户系统导出债券合格投资者数据，并将债券投资者信息申报深交所。

2）RPA 技术实现内容

RPA 机器人自动登录账户系统导出债券合格投资者数据，登录深交所账户系统，进行数据上报。符合条件，则完成上报；如果系统提示异常，则修改报送数据，直至报送成功为止，如图 4-7 所示。

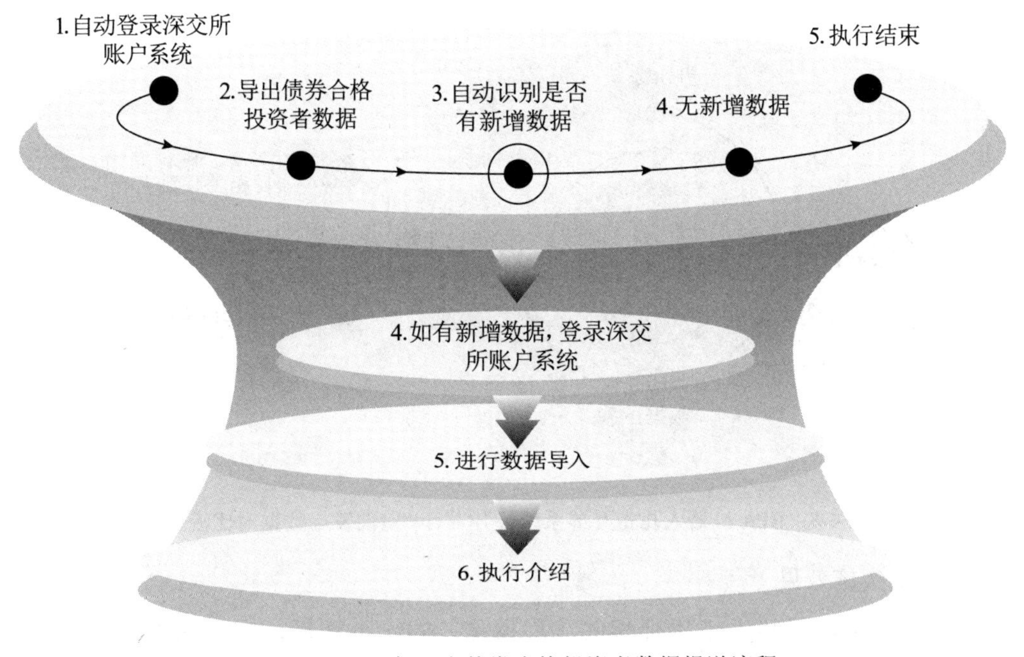

图 4-7　RPA 机器人债券合格投资者数据报送流程

3）预期实施效果

RPA 上线前，需要人工执行相关流程操作；RPA 上线后，机器人自动执行系统登录和数据上报相关操作，实现 100% 操作自动化，效率提高 50%。

4.3.3 自营业务

1. 孔雀开屏系统公开发行 / 定向发行数据对比

1）业务背景

固定收益部工作人员需要每日跟踪相关项目数据，并进行数据下载比对，若有差异则向对应的相关项目负责人发送邮件通知。

2）RPA 技术实现内容

RPA 机器人自动登录孔雀开屏系统，进入孔雀开屏公开发行 / 定向发行模块，分别找到注册项目、待办任务、注册通知书并下载；扫描注册项目、待办任务、注册通知书下载的数据是否与上一次记录的数据不同。若有不同，则自动查找对应的项目相关联系人，发送邮件通知项目状态变更，如图 4-8 所示。

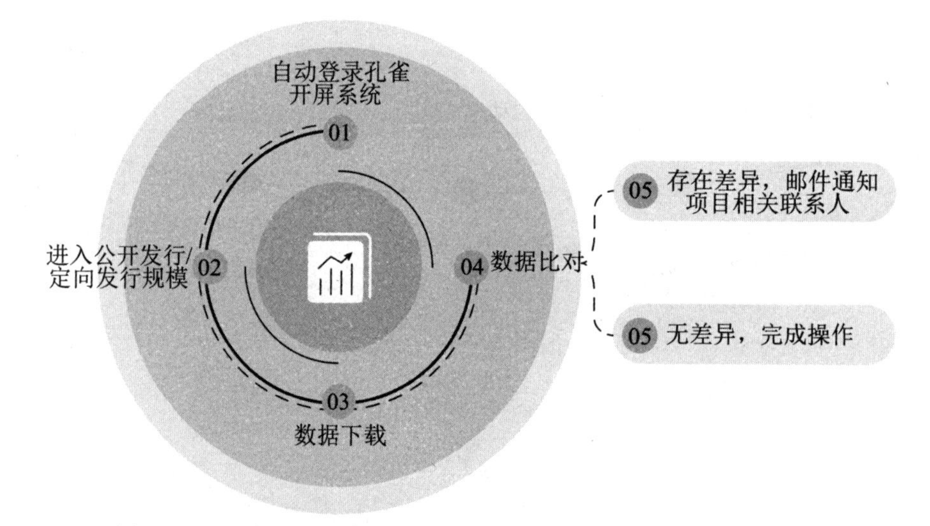

图 4-8 RPA 机器人孔雀开屏系统公开发行 / 定向发行数据对比流程

3）预期实施效果

RPA 上线前，依赖人工执行相关流程操作；RPA 上线后，实现 95% 人机协同，机器人全天候值守跟踪，实时执行流程操作，效率大幅提升。

2. 债券承销备案数据填报到会管单位

1）业务背景

固定收益部工作人员定期在场外证券业务报告系统、证监会注册信息安全专业人员（certified information security professional，CISP）系统、中国证券业协会会员信息系统进行数据填报。

2）RPA 技术实现内容

RPA 机器人自动登录投行管理平台，获取查找“公司债券承销情况备案”流程的字段和相关附件；解析 Excel 字段，在场外证券业务报告系统、证监会 CISP 系统、中国证券业协会会员信息系统进行解析后的数据填报，如图 4-9 所示。

3）预期实施效果

RPA 上线前，需人工重复登录多个会管单位系统并执行相关数据填报流程操作；RPA 上线后，实现 90% 人机协同，效率提升 50%，实现准确率 100%。

图 4-9　RPA 机器人债券承销备案数据填报到会管单位工作流程

4.3.4　信用业务

1. 两融与股票质押报送日志自动采集

1）业务背景

工作人员每日获取报送的融资融券日志信息、股票质押报送日志信息，整理成 Excel 文档，并发送邮件。在该过程中，工作人员需要频繁查看相关日志文件，不仅耗时费力，且时效性和准确率都无法得到保证。

2）RPA 技术实现内容

RPA 替代人工执行业务流程中重复烦琐的操作，自动获取融资融券报送、股票质押报送的开始时间和完成时间，并根据 Excel 模板填充信息，发送邮件，如图 4-10 所示。

3）预期实施效果

（1）RPA 上线后，实时获取相关日志信息，自动生成表格，并邮件通知。

（2）实现 100% 人机协同，大大解放了人力，提升了效率。

2. 上交所两融数据自动报送

1）业务背景

工作人员需每晚定时检查中国证券金融股份有限公司上报数据是否已检验成功，

并上传数据到上交所网站，操作过程中业务人员需要多次切换系统，操作频繁，且效率低下。

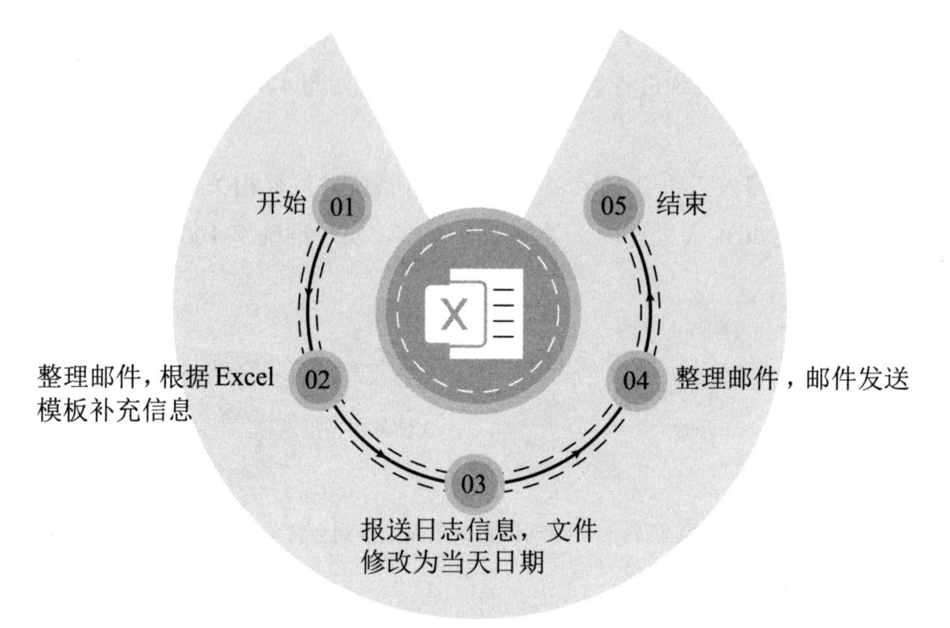

图 4-10　RPA 机器人两融与股票质押报送日志自动采集流程

2）RPA 技术实现内容

RPA 机器人替代人工自动检查日志和报送文件是否已生成，登录上交所网站，进入指定菜单进行文件报送，并自动检查是否报送成功，自动报错，避免重复报送，如图 4-11 所示。

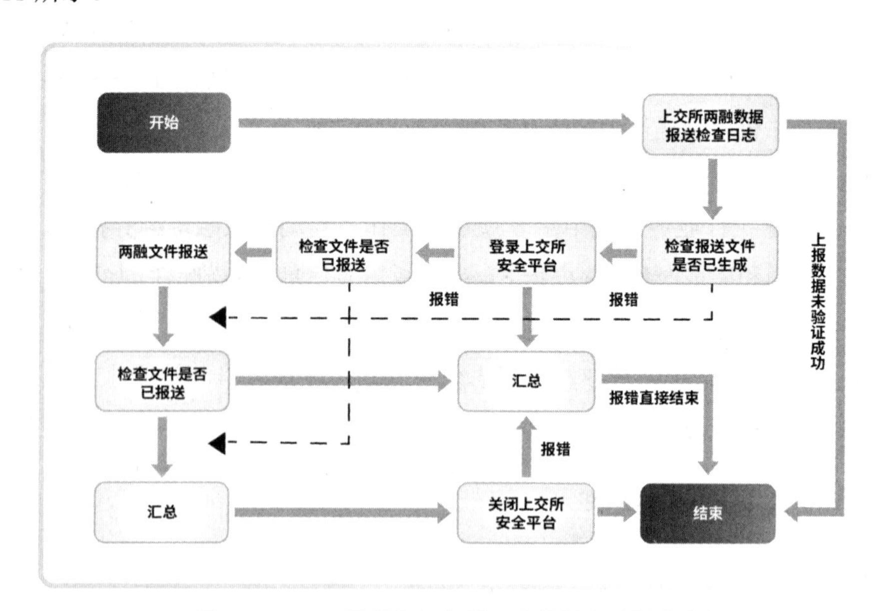

图 4-11　RPA 机器人上交所两融数据自动报送流程

3）预期实施效果

RPA 上线前，人工操作 10 分钟 / 次；RPA 上线后，处理效率提升 10 倍，并大大降低了操作失误率。

3. 股票质押黑名单数据下载及存量客户自动比对

1）业务背景

工作人员需要每日多时段登录中国证券业协会网站，获取股票质押待筛黑名单客户信息，将相关数据导入金管家平台股票质押黑名单管理模块，与金管家进行比对后，再将需要批量查询的数据导入证券业协会股票质押黑名单管理系统进行批量查询，依靠人工完成邮件的下载和上传，不仅效率低下，还阻碍了员工的主观能动性。

2）RPA 技术实现内容

通过使用 RPA 机器人，自动实现数据的下载与比对，如图 4-12 所示。

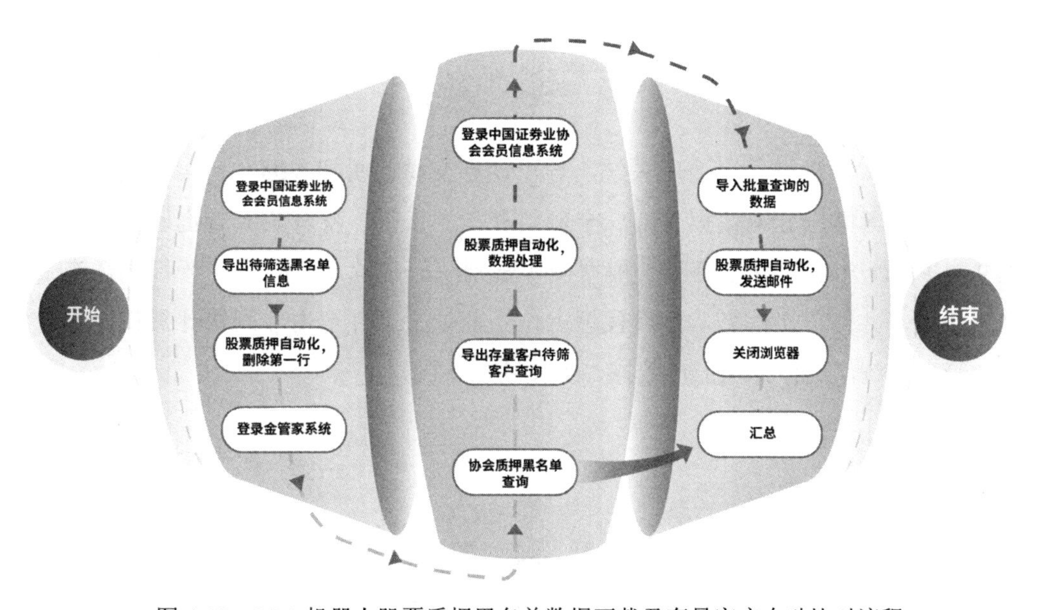

图 4-12　RPA 机器人股票质押黑名单数据下载及存量客户自动比对流程

（1）RPA 机器人自动登录中国证券业协会会员信息系统——股票质押黑名单系统。

（2）导出“待筛黑名单”信息，对导出的文件，删除第一行表头。

（3）将导出的“待筛黑名单”信息导入金管家证金平台股票质押黑名单管理模块，导入成功后执行存量客户比对。

（4）从证金平台导出“存量客户待筛客户查询”信息，进行数据处理。

（5）将需要批量查询的数据导入证券业协会股票质押黑名单管理系统进行批量查询。

3）预期实施效果

RPA上线前，人工操作每次耗时10分钟；RPA上线后，机器人自动获取业务数据，并同存量数据进行比对，提升了数据的准确性和时效性，整个过程每次只需耗时2分钟，效率提升80%。

4.3.5 托管业务

1. 上清所数据实时导出导入

1）业务背景

上海清算所（以下简称“上清所”）数据导出导入业务对时效性要求较高，需要工作人员实时从上清所系统中导出相关数据并导入到综合业务系统，提供给管理人员查询。依靠人工完成多个文件数据下载并分类上传，不仅操作效率低，时效性和准确度也难以保证。

2）RPA技术实现内容

RPA机器人自动登录上清所系统，导出现券交易、质押式回购、买断式回购、债券借贷、债券远期、分销数据查询、全额结算指令查询、持仓余额查询、资金账户余额共9个Excel文件，RPA机器人根据操作规则统一删除表格内第一行标题，查询表格内条目数，并修改文件名，然后代理上传当前批次文件至中台网络计算机，登录综合业务管理系统，选择目录上传数据，如图4-13所示。

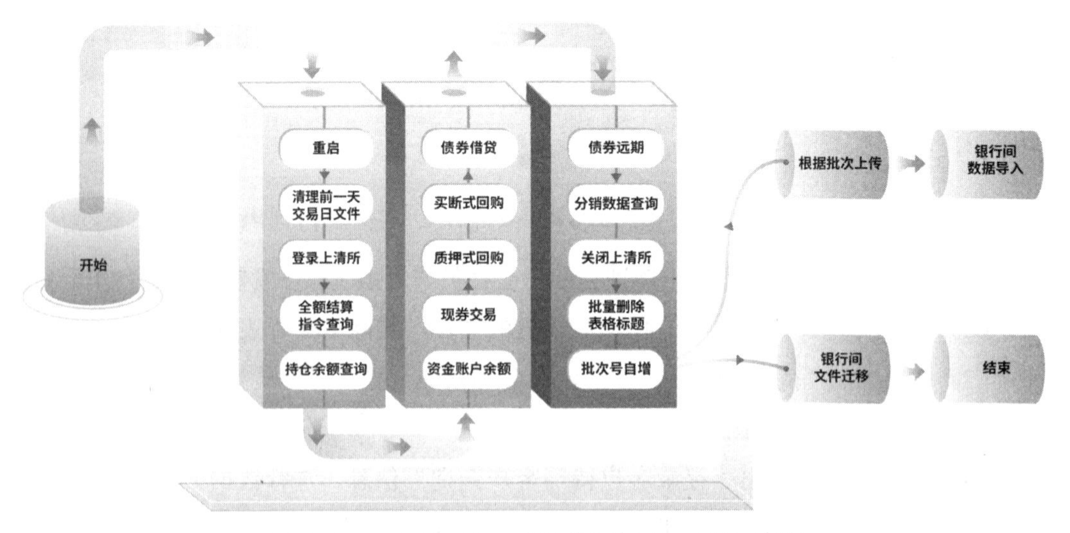

图4-13 RPA机器人上清所数据实时导出导入流程

3）预期实施效果

RPA 上线后，机器人自动获取业务数据，减少了人工操作成本，保证了数据的准确性与时效性。单个机器人每 5 分钟运行 1 次流程，保证 2 个平台系统的数据同步，每天节省 8 个小时。

2. 九坤产品流水与账户余额查询

1）业务背景

工作人员每日登录托管清算系统，导出数据，提供给管理人员查阅。

2）RPA 技术实现内容

RPA 替代人工操作，自动登录托管清算系统，导出流水数据和账户余额数据，并进行表格格式整理，然后校验文件完整性，生成 OK 文件，如图 4-14 所示。

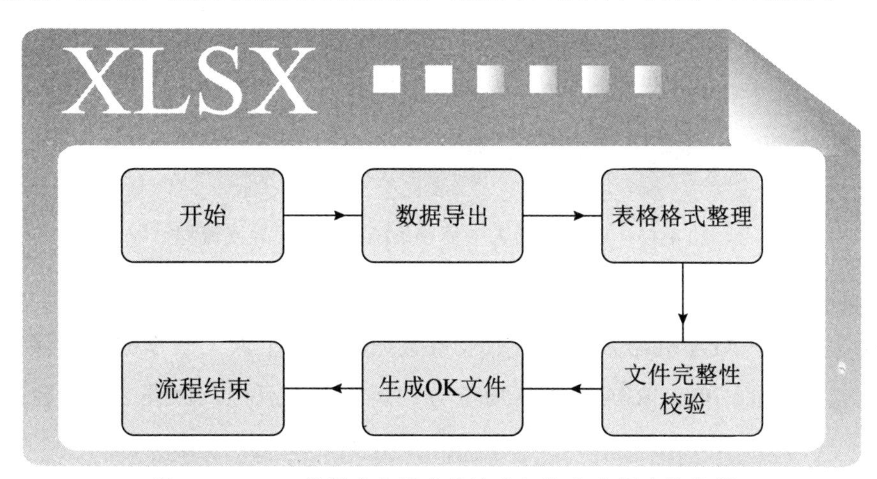

图 4-14　RPA 机器人九坤产品流水与账户余额查询流程

3）预期实施效果

RPA 上线后，每日自动定时获取数据，将人从烦琐重复的周期性碎片工作中解放出来，每天可节省大约 1 小时。

3. 中央国债登记结算有限责任公司（简称中债登）系统数据导出与导入

1）业务背景

中债登系统数据导出与导入业务对时效性要求较高，需要工作人员实时从中债登系统中导出相关数据并导入到海通证券股份有限公司综合业务系统，提供给管理人员查询。依靠人工完成多个文件数据下载并分类上传，不仅操作效率低，且时效性和准确度难以保证。

2）RPA 技术实现内容

RPA 机器人自动登录中债登系统，进行指令查询与合同查询，抓取表格数据，生成 Excel 文件，并代理上传当前批次文件至中台网络计算机。然后登录海通证券综合业务系统，选择目录上传数据，如图 4-15 所示。

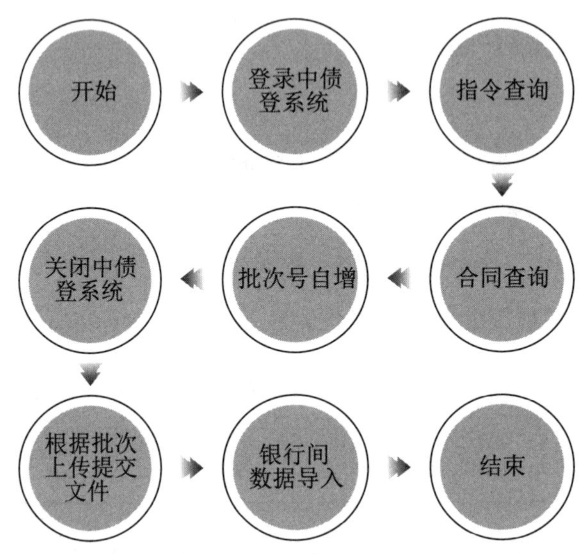

图 4-15　RPA 机器人中债登系统数据导出导入流程

3）预期实施效果

RPA 上线后，RPA 机器人自动获取业务数据，减少了人工操作成本，保证了数据的准确性与时效性。单个 RPA 机器人每 5 分钟运行 1 次流程，保证 2 个平台系统的数据同步。

4. 托管估值业务

1）业务背景

托管估值人员每天需要在托管系统中执行批量跑账操作，并保障每日跑账顺利进行。

2）RPA 技术实现内容

RPA 替代人工操作自动登录托管核算系统，检查数据是否存在，执行公共数据处理和日终清算处理操作，生成处理凭证，然后进行估值表处理和电子对账处理，完成操作后自动关闭系统，如图 4-16 所示。

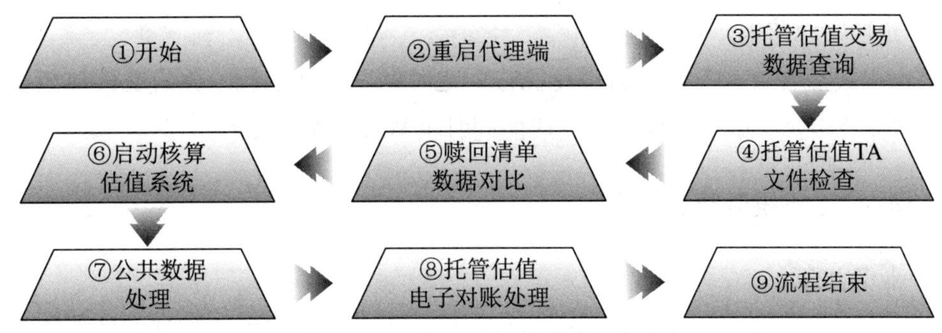

图 4-16　RPA 机器人托管估值业务流程

3）预期实施效果

RPA 上线后，极大地减轻了人工做账压力，保障每日跑账顺利进行，8 个机器人完成外包估值的 1000 余个产品的跑账操作，每日节省大约 23 个小时。

4.3.6　清算结算业务

1. 中国证券登记结算有限责任公司（简称中登）电子合同文件下载

1）业务背景

工作人员每日需登录中登官网下载数据文件，再进行数据处理。

2）RPA 技术实现内容

RPA 替代人工操作自动登录 IE 进入电子合同系统和文件下载页面，生成电子合同并下载，如图 4-17 所示。

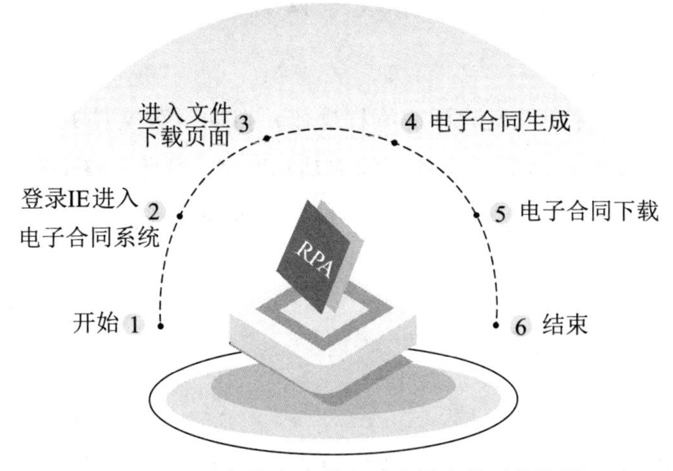

图 4-17　RPA 机器人中登电子合同文件下载流程

3）预期实施效果

RPA上线后替代人工进行自动化操作，定时触发文件下载，并将文件放至指定目录以供清算使用，在确保文件下载完成的同时也节省了人力投入。

2. 恒生TA系统清算自动化

1）业务背景

随着券商产品数量的急剧增加及业务种类的愈加丰富，TA系统清算的业务量显著增加，TA清算过程中的人力成本和操作耗时也显著增加。并且TA系统的清算对操作的准确性、灵活性、时效性具备极高的要求。

2）RPA技术实现内容

RPA机器人自动处理销售商的申请，处理后的数据交由销售商确认后导出，对销售商预确认失败的信息进行临时备份。每日完成整体数据备份、对账及统计，并最终生成基金核算报表，如图4-18所示。

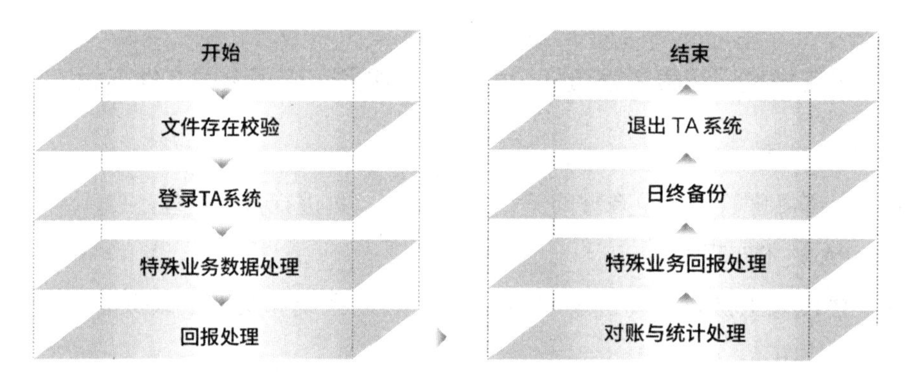

图4-18　RPA机器人恒生TA系统清算自动化流程

3）预期实施效果

RPA机器人接管全部TA清算的流程操作，自动下载文件并进行批量处理，节省了大量人力，并确保对应步骤所作处理的成功和准确，提高了整个清算过程的安全性。整个清算过程实现无人值守，人工只需在机器人处理完成后对所处理的步骤进行人工复核即可。

3. 期权O32做市业务自动化

1）业务背景

证券公司客户期权买卖、行权等业务的清算，属于三级清算业务中的一部分。

2）RPA 技术实现内容

RPA 完成清算前备份工作，并接收清算文件，完成清算结算。对当天日结数据进行统计，完成余额对账，并自动接收资金对账文件，将清算后的备份数据进行归档。接收结算数据，完成极速交易系统（ultra fast trading，UFI）初始化，并实现交易所接口库的归档，如图 4-19 所示。

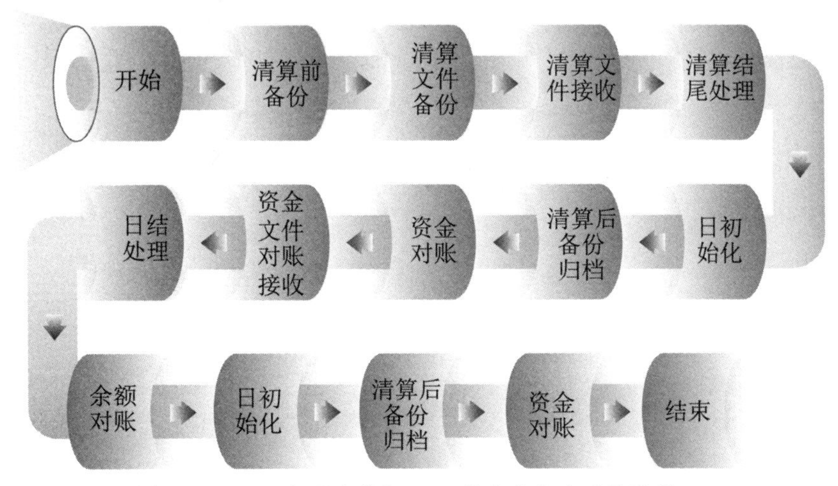

图 4-19　RPA 机器人期权 O32 做市业务自动化流程

3）预期实施效果

RPA 上线后，机器人替代人工进行自动化操作，无须人员值守，RPA 处理完成后自动将处理结果发送邮件通知，不仅提高了工作效率，还大大释放了人力。

4. 法人结算系统清算自动化

1）业务背景

法人结算系统负责证券公司与中国结算之间资金和证券的清算与交收，也称一级清算。在每日营业日交易市场闭市后，中国结算根据成交数据生成每日资金集中清算报表，传给各地结算会员及证券商，进行清算与交收。

2）RPA 技术实现内容

RPA 替代人工操作自动登录法人结算系统，进行开工处理检查并确认外币导入，读取数据，生成并确认股东客户对照凭证。然后进行客户资料处理及开户费用确认、数据清分、QFII 数据过滤处理、上海股票期权检查，最后进行清算预处理、股份清算及对账、资金清算与交收，导出数据完成操作，如图 4-20 所示。

3）预期实施效果

RPA上线前，每天需要耗费工作人员大量时间处理文件收集、校验、清算等重复烦琐的工作；RPA上线后，机器人接管清算业务中的流程操作，实现无人值守，只需人工对结果进行复核即可。

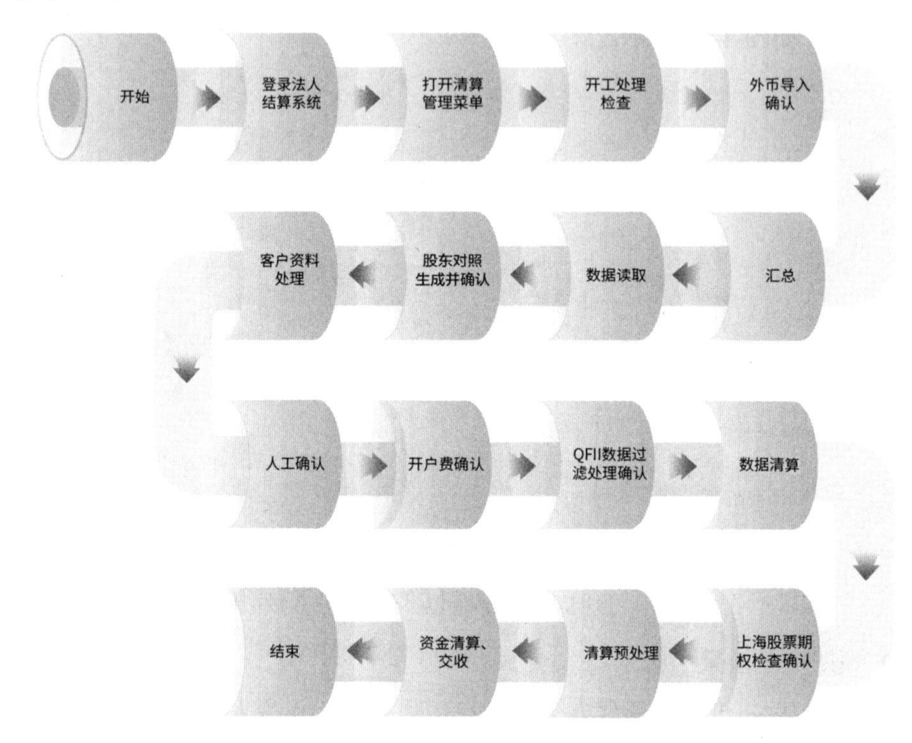

图4-20 RPA机器人法人结算系统清算自动化流程

4.3.7 财务业务

1. 用友NC系统财务数据导出核对

1）业务背景

工作人员需定时登录用友NC系统，按照指定条件导出数据，并进行数据核对。

2）RPA技术实现内容

RPA机器人替代人工执行业务流程中重复烦琐的操作，自动导出指定业务报表数据，并完成核对，然后导入营业部数据表，打印操作凭证。

3）预期实施效果

RPA上线后，机器人按照操作流程规则定时进行系统数据下载，实现了100%操作自动化。

2. 营业部港股二级日报表打印

1）业务背景

工作人员需每天定时登录金仕达系统，导出港币、人民币及美元的相应营业部报表。

2）RPA 技术实现内容

RPA 机器人每日自动登录系统，从相应的系统中导出港币、人民币及美元中所有营业部报表的 PDF 格式文档，如图 4-21 所示。

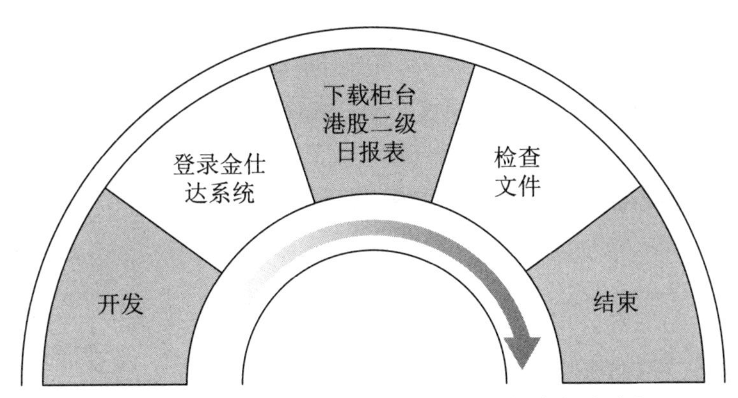

图 4-21　RPA 机器人营业部港股二级日报表打印流程

3）预期实施效果

RPA 上线后，机器人可在凌晨无人值守的情况下自动导出相关报表数据，效率大大提升 50%。

4.3.8　行政业务

1. 辖区报表汇总及报送

1）业务背景

某统计局委托某街道办事处汇总辖区报表，每月的报送时间均可能出现变动，若有通知则按电话通知时间报送，若无特殊要求，则每月 15 日前完成上报。

2）RPA 技术实现内容

RPA 替代人工自动登录统计局网站，点击数据报送，并自动将由计划财务部提供的相关数据在系统中进行填报，如图 4-22 所示。

3）预期实施效果

RPA 上线前，需人工执行报表汇总及报送流程操作，每人每次耗时 25 分钟；RPA 上线后，机器人后台值守，实现 95% 人机协同，每次耗时 3 分钟。

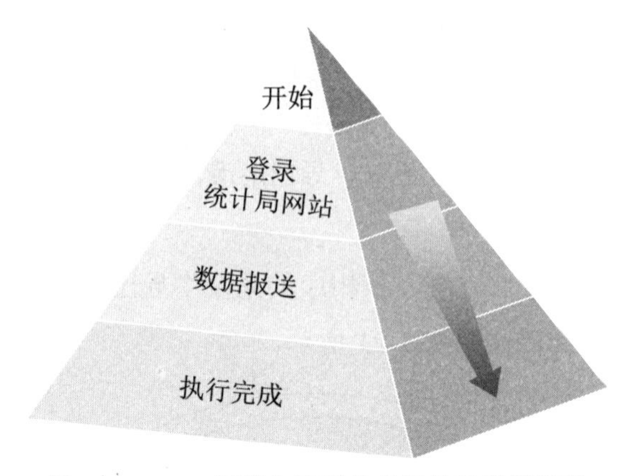

图 4-22　RPA 机器人辖区报表汇总及报送流程

2. 国家外汇管理局网上服务平台对外资产负债表填报

1）业务背景

每月 10 日，由证券公司计财部、董事会办公室提供相关数据，行政办公室工作人员需登录国家外汇管理局网上服务平台，进行对外资产负债表填报。

2）RPA 技术实现内容

RPA 替代人工执行业务流程中重复烦琐的操作，自动登录外管局网站，点击数据报送，汇总客户提供的数据，生成数据汇总表，再将汇总表导入系统，如图 4-23 所示。

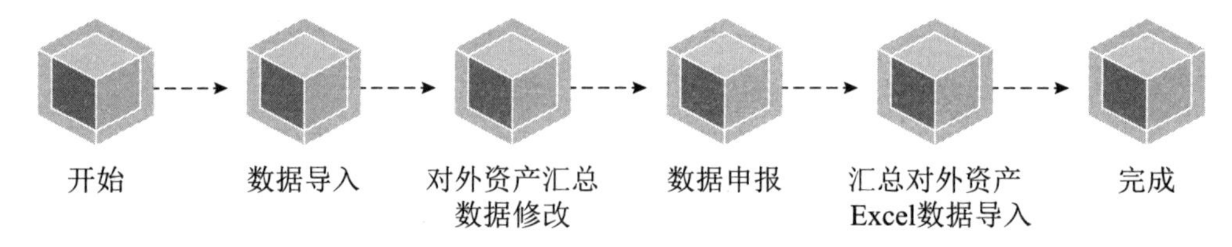

图 4-23　RPA 机器人国家外汇管理局网上服务平台对外资产负债表填报流程

3）预期实施效果

RPA 上线前，人工执行每人每天耗时 25 分钟；RPA 上线后，机器人后台值守，实现了 95% 人机协同，每天耗时 3 分钟。

3. 红头文件、标题及主送单位登记筛查

1）业务背景

证券公司行政办公室每季度需对红头文件进行筛查、存档录入，针对筛查缺失的编号文件展示筛查结果（缺失的文件编号、文件编号对应的部门、相关负责人、联系方式）。文件齐全后，对所有类型文件分类存档，需要全天手工打开 Word 存档文件获取主送单位，复制文件名称粘贴到存档的 Excel，人工完成大量重复烦琐的手工操作，

不仅效率极低，而且容易出错。

2）RPA 技术实现内容

RPA 机器人自动筛查红头文件，检查文件归档是否齐全，根据归档文件筛选出缺失的编号文件，整理并给出筛查结果。由 RPA 机器人自动识别、修正文件，按照命名规范化、标准化的准则，校准错误命令的红头文件，发到主送单位进行红头文件归档。

3）预期实施效果

RPA 机器人上线后，仅需 3.5 小时即可完成对红头文件的筛查和对应类型红头文件的存档，解放了人力，既准确又高效。

4. 上市券商公告自动采集

1）业务背景

业务人员每日频繁访问相关网站，查找上市券商最新公告，人工操作频繁，成本高。

2）RPA 技术实现内容

RPA 机器人每日自动打开巨潮资讯网，在搜索栏搜索各大券商股票代码，增量采集最新公告的标题，汇总最新的公告，发送邮件给指定人员，如图 4-24 所示。

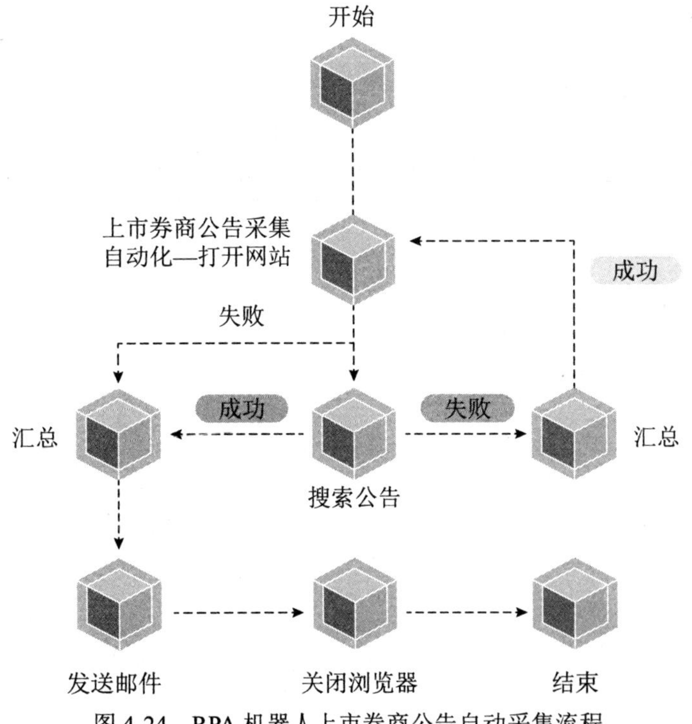

图 4-24　RPA 机器人上市券商公告自动采集流程

3）预期实施效果

RPA 替代人工操作，自动实时监控上市券商最新公告，帮助工作人员第一时间获取最新资讯。

4.3.9 人事管理业务

1. 从业资格和执业注册信息自动采集

1）业务背景

业务人员每日需登录中国证券业协会从业人员管理平台、中国证券投资基金业协会从业人员管理平台下载数据文件，再进行数据处理。由人工执行业务流程中重复烦琐的操作，耗时长，人工成本高。

2）RPA 技术实现内容

RPA 机器人自动登录证券业协会从业人员管理平台，导出个人用户管理数据、职业证书打印数据、注册情况数据、资格考试成绩数据；然后登录基金业协会从业人员管理平台，导出个人用户管理数据、资格考试成绩数据、注册情况数据、证书数据；统一删除第一行（表名），按照指定格式和编码保存文件，最后上传到指定的 FTP（FTP 所有信息配置在 server 端），如图 4-25 所示。

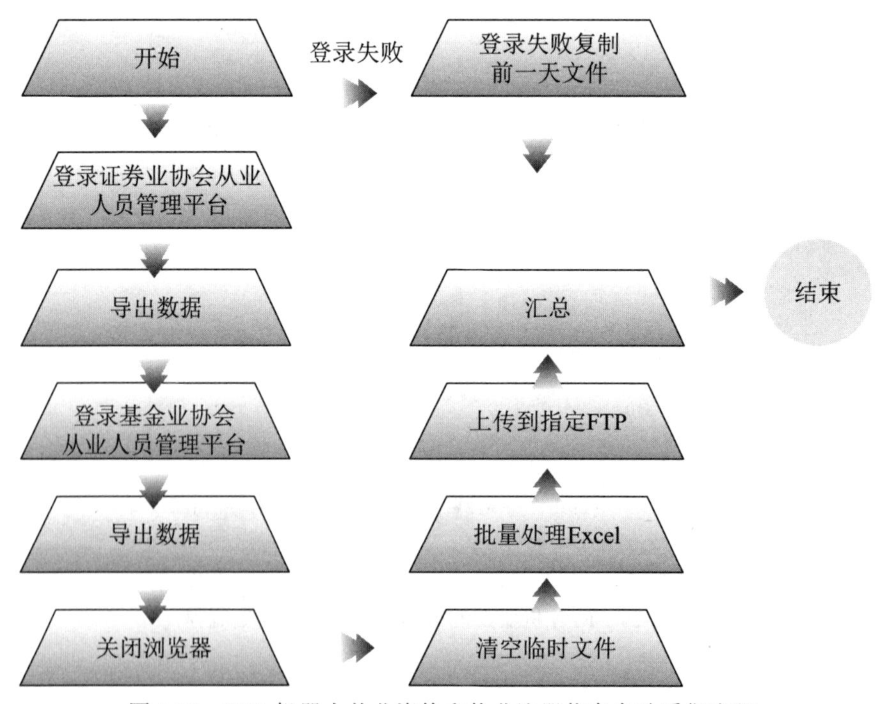

图 4-25　RPA 机器人从业资格和执业注册信息自动采集流程

3）预期实施效果

证券业协会从业人员管理平台系统、基金业协会从业人员管理平台系统。

4.3.10　风控业务

净资本与自营持仓数据自动导出

1）业务背景

风控部工作人员需要登录净资本监控系统，并导出净资本系统数据和 O32 系统数据，进行数据核对。

2）RPA 技术实现内容

RPA 替代人工执行业务流程中重复烦琐的操作，每日从相应系统中导出指定条件的数据表，如图 4-26 所示。

3）预期实施效果

RPA 上线后，机器人自动执行净资本系统数据导出及 O32 系统数据导出，通过内外网的连接核对数据并发送邮件。RPA 机器人替代人工操作，实现了 100% 人机协同，只需人工查验结果即可。

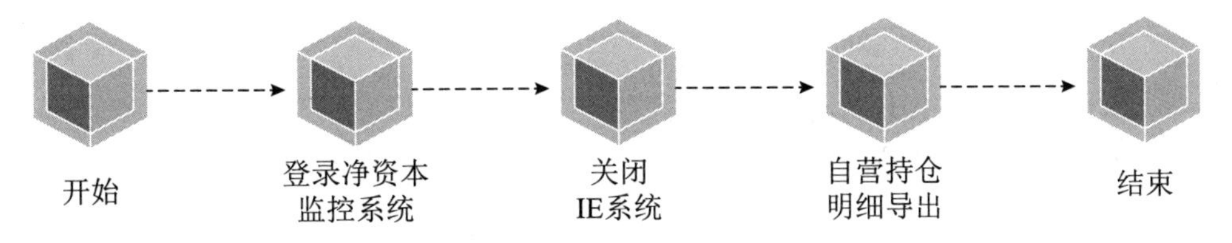

图 4-26　RPA 机器人净资本与自营持仓数据自动导出流程

第 5 章

RPA 在保险业的应用与分析

保险行业的运营流程概括为产品开发、产品销售、标的核保、保单承保、保单理赔及各类保险给付等。运营过程中的每一个环节，都需要规范的步骤和专业的信息系统作为支撑，而这恰恰给数字化智能运营技术提供了用武之地。在数字化转型升级的浪潮下，保险业逐渐意识到 RPA 技术可为业务流程优化提供支撑，不仅能提升业务效能，而且能拓展业务领域。优化产品设计，通过用户画像等数字化分析，获知客户年龄、消费习惯、健康状况等，识别客户需求，合理设计产品并精准投放；智能营销，通过清洗整合内外部客户信息，构建用户分析模型和智能引擎，实现全面用户洞察、智能广告推送精准触达、营销规则管控；智能承保，调用区块链上投保人的可溯源信息，如健康档案、电子病历、药房消费记录等，降低调查成本和承保风险；智能理赔，借助区块链和多方共享的出险信息，做到出险后理赔条款自动触发，防止用户谎报、瞒报，减少理赔纠纷；智能缴费与闪付，借助银行、第三方交易平台，为客户提供实时在线缴纳保费、申请赔付服务，避免出现重复缴费、一票多报等现象。具体来说，保险行业的运营流程就是从客户旅程出发，在“数据驱动、服务灵活组合”层面探索“先服务、再销售”的过程。

5.1　保险业的数字化转型历程

5.1.1　国内外保险业数字化转型发展

随着保险业务的扩大和业务量的持续增长，在满足客户需求的情况下，采用 RPA 技术下的“虚拟数字员工”来减轻运营成本已经成为一种趋势，正逐渐被国内保险行业接受。

作为国内首家运用 RPA 的保险公司，三井住友海上火灾保险（中国）有限公司于 2017 年 8 月部署 RPA，通过“虚拟数字员工”将所有在保保单进行分拣，经过人工处理后，“虚拟数字员工”按照用户的要求进一步精确处理，然后录入系统。RPA 技术的引入帮助三井住友保险的再保部门减少了大约 70% 的工作量，自动化部署避免了员工为完成工作通宵加班。

中国大地财产保险股份有限公司作为引入 RPA 技术的国内保险公司，大地保险将 RPA 路径分为 3 个阶段进行，用 1 年时间实现低成本运营，用 2 年时间通过 RPA 实现技术优化，用 3 年时间实现平台化运营模式的战略转型。同时 RPA 技术与大地保险成熟的 OCR 技术相结合，实现了账单自动录入的全流程自动化，解决了业务工作量大、数据质量低、工作效率低等一系列问题。

弘康人寿保险股份有限公司率先将 RPA 技术应用在核心业务场景。通过"虚拟数字员工"实现读取邮件、整理表格、消息推送、跨系统信息抓取等一系列复杂的流程。在解放人力的同时，运营效率得到提升，关键的业务模块实现自动化运营。目前该技术已经覆盖到弘康人寿 9 个业务模块、21 个子流程，应用于承销、理赔、审核、风险控制、运营等多个复杂场景，应用已实施 2 期，机器人共运行约 5 万次，节省时间超过 3000 小时。

中国人寿保险（集团）公司、中国人民保险集团股份有限公司已经相继召开 2022 年度工作会议。中国人寿 2022 年工作总体思路是"要加强形势研判，认清时与势，分析危与机，扎扎实实办好公司的事，坚持稳字当头、稳中求进，坚持回归本源、专注主业，坚持前瞻谋划、系统思维，稳增长、稳地位、控成本、控风险，着力提高党建引领能力、价值创造能力、协同发展能力、数字化运营能力、产品服务创新能力，坚定不移推动高质量发展"；中国人保集团已完成总部机构改革，2022 年工作部署思路是推动六大战略服务、夯实战略发展基础、推动产品技术创新、加快信息科技建设、提升投资服务能力、完善现代公司治理。大型险企的战略动态将陆续影响中小险企并进而辐射成为行业战略新动向。

相比于国内，在国外保险市场中，RPA 已经成为更广泛的战略工具。国外 RPA 应用到保险的核心业务场景更为复杂且多样，其中包括策略管理、可量测性、传统应用程序的集成等。

日本第一生命保险公司于 2018 年在 36 个部门的 460 项任务中全面实施了 RPA 技术，占自动化任务的近 80%。其中之一是将核心系统的销售数据处理到 Excel 中，然后提交一份完成的报告。在 RPA 之前，这项工作必须通过员工自身来完成，效率低且加重员工的工作负担，现在任务由"虚拟数字员工"自动完成，每年节省数万小时的人力投入，极大地提高了工作效率，使员工能够专注于公司的其他发展领域。

安顾（ERGO）集团股份公司是一家总部位于德国的保险公司，为 1300 万客户提供保险产品。通过一系列的合并和收购，安顾集团意识到运营效率低下已经影响到公司盈利能力。而 RPA 帮助该公司闯过了损失索赔难关。在德国，冰雹是罕见且不可预测的，一旦发生冰雹，通常会在较为集中的时段出现保险索赔激增的现象，难以通过大规模人员调动来应对。安顾集团将收集客户索赔的任务交给了 Blue Prism 智能数字员工，显著提高了安顾集团处理冰雹损坏索赔的能力。目前，安顾集团已在 25 个部门部署了 70 多名 Blue Prism 数字工作者，包括客户服务、现金和信贷管理、人力资源和保险。

苏黎世金融服务集团作为全球家喻户晓的保险公司，在 215 个国家开展业务，为了应对传统流程和运营复杂性给公司的运营提出的挑战，苏黎世保险与蓝棱镜自动化开发商进行了深度合作，所开发的 55 名蓝棱镜数字员工管理着苏黎世保险 120 多个流程。这些“虚拟数字员工”协助建立了一个快速通知门户，该门户是在疫情期间建立的，允许客户快速报告索赔。作为电子支付计划的一部分，“虚拟数字员工”使苏黎世保险能够更快、更高效地支付客户索赔，能够快速评估收到的文件。

5.1.2　国内保险业数字化转型的政策保障

2017 年 5 月 15 日，中国人民银行成立了金融科技（FinTech）委员会，利用大数据、AI、云计算等技术丰富的金融监管手段，提升跨行业、跨市场交叉性金融风险的甄别、防范和化解能力。2019 年 8 月，央行发布《金融科技（FinTech）发展规划（2019—2021 年）》，将监管科技纳入到金融科技发展规范的范畴。

2022 年 1 月，中国银保监会办公厅下发了《关于银行业保险业数字化转型的指导意见》（银保监办发〔2022〕2 号），意见要求银行业、保险业从战略规划与组织流程建设、业务经营管理数字化、数据能力建设、科技能力建设、风险防范、组织保障和监督管理等方向持续发力，到 2025 年数字化转型取得明显成效，数字化经营管理体系基本建成，数据治理更加健全，科技能力大幅提升，网络安全、数据安全和风险管理水平全面提升。

5.2　当前保险业数字化转型趋势

保险企业纷纷选取适合自身资源禀赋的战略侧重点，建立由数据、技术、机制等组成的数字化支撑体系，具体表现为产品个性化、线上渠道多元化，管理扁平化、服务一站式等，实现以客户洞察为核心的全方位数字化业务能力，满足客户、决策层、合作机构、销售人员、员工的体验及服务效能提升。随着金融数字化不断推进，保险业数字化转型的趋势将包括以下几点。

（1）数据能力建设。搭建大数据平台，勾画“端到端”业务经营图谱，归类各方面业务数据，分层设计数据仓库，通过数据治理实现数据化的管理。在数据的应用上，通过数据中台统一提供数据服务，并通过洞察、预测、决策、行动，全面进行数据化管理经营。

（2）技术能力建设。把握“云原生、低代码”的发展趋势，在技术选择上，充分应用分布式、微服务、高可配置化；在数据计算上，加强离线计算、实时计算、精准推荐的能力；在科技人员配置上，推行科技的前置融合和敏捷创新。

（3）轻量级服务。未来，第三方数字化转型服务商将面向保险客户提供更加轻量级的服务，包括通过开放API提供平台即服务（platform as a service，PaaS）云中台、分离数据服务以数字音频分析系统（digital audio analyser system，DAAS）形式输出等，从商业化角度考虑，这些方式能够满足更广大中小保险客户的需求，实现降本增效，同时推动全行业数字化转型进程。

当前，保险业数字化转型还处于初期阶段，其全域数字化也不仅仅是购买软件就能实现的，它还面临许多方面的挑战，例如，业务架构与数字架构转型的诉求、过分依赖外部数据、海量信息难以转化、数字化复合型人才短缺等，具有不同市场特征的保险企业应依据自身情况量力而为。

5.3 RPA在保险业的典型业务场景

5.3.1 财务数据统计

1. 业务背景

个险、团险业务需安排专职人员每天在上午和下午两个时间段在保险核心业务系统中导出报盘数据，并在进行数据汇总处理后发送专人进行核对，最后需在OA系统发起流程完成每日报批操作。该业务流程操作步骤烦琐重复，数据对比过程容易出现纰漏。

2. RPA技术实现内容

实现个险、团险核心业务系统与财务系统数据对账，月结账期间往来款、科目余额方向、成本中心核对，应收保费等科目对账；实现准备金文件转换、按一定规则抽取财务数据；实现部分科目核对底稿、制式化报表的制作；实现记账接口导入情况及未过账交易发生情况巡查；完成保监会报表报送的流程化操作。

3. 预期实施效果

RPA 机器人实现了数据表格自动下载，自动筛选汇总统计的业务流程。原先需要人工处理 10 分钟的工作，缩短至 10 秒钟即可完成，效率提升 600% 左右。

5.3.2　资金管理

1. 业务背景

资金管理业务涉及基金综合部、注册登记部、中台、会计等多个部门，业务人员需要从各个部门的不同系统中提取业务数据和财务数据并与业财数据进行核对，该操作涉及多个部门、多个系统，在资金管理核对过程中容易出现人为误操作，为了保证资管监控的准确性和实时性，每天需要进行多次数据查询和核对。

2. RPA 技术实现内容

实现基于当前已有网银的银行账户，完成日常资金明细、银行对账单、回单、收支数据比对报告的查询下载；完成电子指令对账，账户余额监控及预测情况报表，账户余额调节表，资金调拨核对表；完成部分分公司保费收入户与核心业务系统的资金核对；完成非直连银行交易数据导入资金系统以及资金系统中利息手续费交易勾选记账操作。

3. 预期实施效果

RPA 机器人实现了数据定时自动查询和核对，原先需要 2 名员工满负荷工作，现无须人工处理，直接节约 2 名人工，且正确率 100%。

5.3.3　保险订单审计

1. 业务背景

保险公司保险订单审计部门每月都需要将包含数十万条信息的清单表格整理汇总成订单处理报表，最后由订单部进行派单，由于数据量庞大，即使是资深会计，每天的业务处理量也只能达到 20 万条，且在处理过程中难免出现误操作。

2. RPA 技术实现内容

RPA 机器人实现了数据表格自动下载，自动筛选汇总统计的业务流程，并最终实现派单。

3. 预期实施效果

原先人工处理需要 30 分钟的工作，RPA 机器人缩短至 1 分钟即可完成，效率显著提升。

5.3.4 投资后台管理

1. 业务背景

投资管理业务需安排专职人员每天在相关业务平台查询和导出用户的银行流水和投资数据，然后对导出数据进行大量的加工处理和核对后再回填到系统中，完成每日投资结算。人工进行数据处理效率较低，涉及信息核对以及录入操作，人工操作容易出错且错误不易被发现。

2. RPA 技术实现内容

支持查询并下载投资用户银行流水；实现通过中间平台相关系统抽取资产价格数据，每日自动导入投资系统；抽取电子对账用户资产明细表及完成投资交易明细文件下载、筛选导入。

3. 预期实施效果

原先人工处理需要 90 分钟，RPA 机器人缩短至 1 分钟即可完成，效率显著提升。

5.3.5 总账税务管理

1. 业务背景

保险公司总账会计每天需根据底稿数据准确计算应交税额，及时填制税务申报表附表，并完成税款缴纳流程。由于企业业务繁多，虽有独立的系统进行辅助，但此项工作仍然需要多名会计协作完成，任务繁重且出错概率高。

2. RPA 技术实现内容

实现根据底稿数据完成部分税种申报系统工作，下载申报表放入制定路径；依据发票号码底稿完成增值税专用发票在费控系统中的勾选操作，完成税款缴纳申请单及报销单在费控系统中的创建。

3. 预期实施效果

原先需要 3 名专职会计满负荷工作，RPA 机器人仅需要 5 分钟时间即可准确地完成。

5.3.6　预算管理

1. 业务背景

保险公司根据业务动态需要对预算进行调整，调整预算需要经过烦琐的审批流程，预算调整方案获得批准后，需要根据审批结果对相关系统中的数据进行相应的变更，如预算系统、财务系统。相关表格，如预算执行表、KPI 报表也需要进行相应的更新。此项工作时间跨度长，涉及系统多，人工处理出错概率高。

2. RPA 技术实现内容

实现根据 OA 审批流程中的相关信息，填录预算调整申请单，并自动进行预算调整、划拨；基于预算系统、Oracle 财务系统、数据仓库（date warehouse，DW）系统等底稿数据，统计更新预算执行表、KPI 报表，并进行数据比对。

3. 预期实施效果

此项工作原先由专门的财务人员负责，系统维护人员配合，一般要 30 分钟才能完成。RPA 机器人仅需要数秒钟即可准确更新所有相关系统，并完成相关表格的更新，大幅提升了工作效率。

第6章 RPA 在财税领域的应用与分析

在国家“十四五”规划“加快数字化发展建设数字中国”时代背景下，数据成为企业的重要资产，也成为财务部门建立核心能力的重要基础。大数据、移动互联网、AI、云计算、物联网等信息技术的进步，给财务部门带来了前所未有的机遇。RPA 作为 AI 领域的重要、成熟应用，在财务管理数字化转型中，可助力财务人员从大量规则性强、重复、烦琐的事务中解放出来，把更多的精力投入到财务分析、公司决策等高价值工作中去。

6.1　财税业的数字化转型历程

6.1.1　财税领域数字化转型发展

财务数字化管理伴随着科技进步而改变。算盘和账本是最早的计算和记录工具，而能够清晰地反映企业业务往来和经营情况的复式账簿的出现，则标志着现代会计学的建立。随着计算机的出现，会计电算化、ERP 得到了长足的发展，会计电算化用小型数据库和简单的计算机软件取代了部分人工核算的工作，实现了计算能力和存储能力的巨大飞跃，实现了从 0 到 1 的变化。ERP 使企业实现了更广泛的财务链接，实现了从 1 到 N 的发展[7]。

随着财务共享服务模式的发展与应用，企业会计科目、会计政策、核算流程、信息系统、数据标准等实现了统一，原先封闭、分散的财务得以聚集到一个点上，使得财务以云的方式提供服务，重新聚合成一个平台，完成了 N 到 1 的重新变化。

然而今天，世界正处于从工业经济向数字经济转型过渡的大变革时代，数据已成为驱动经济社会发展的新要素、新引擎。以大数据、AI、移动互联网、云计算、物联网、区块链为代表的新兴技术正在改变企业财务管理模式。持续变革、挑战常规已成为商业领域主旋律。

RPA 是近年来出现的新兴技术，已被广大企业所接触、接受。RPA 是用 AI 和自动化技术打造的数字员工，自动处理大量重复性、具备规则性的流程，依据预设规则与现有用户系统进行交互并完成预期任务，无须改造现有系统。

6.1.2 财税业数字化转型的政策保障

我国“十四五”规划明确提出加快数字化发展，建设数字中国。其中：数字产业化是指信息通信行业，具体包括电子信息制造业、电信业、软件和信息技术服务业、互联网行业等，进行产业化、规模化发展；产业数字化是指其他产业使用数字技术和产品带来的产出增加和效率提升，产业数字化内涵更为丰富；数据价值化是指价值化的数据是数字经济发展的关键生产要素，加快推进数据价值化进程是发展数字经济的本质要求；数字化治理是指运用数字化技术，实现行政体制更加优化的新型政府治理模式。

对于国内大中型企业，特别是国有企业，国家相关部委频频发文，要求提升财务管理水平，加转数字化转型。其中，国务院国有资产监督管理委员会2022年3月2日对外发布《关于中央企业加快建设世界一流财务管理体系的指导意见》，推动中央企业进一步提升财务管理能力水平，加快数字化转型，建设世界一流财务管理体系。

2022年3月30日，中华人民共和国工业和信息化部部长肖亚庆《学习时报》撰文：大力推动数字经济高质量发展。肖亚庆在文中强调：当前，百年变局与世纪疫情交织叠加，经济全球化遭遇逆流，新一轮科技革命和产业变革加速演进，我国工业和信息化发展面临的形势严峻复杂，做大做强数字经济意义重大而深远，是提升产业链供应链自主可控能力、打造未来竞争新优势的迫切需要，是推动产业高质量发展、支撑构建新发展格局的重要途径，也是抢占国际竞争制高点、把握发展主动权的战略选择。数字化转型已不是“选择题”，而是关乎生存和长远发展的“必修课”。

6.2 当前企业财税数字化转型趋势

目前，我国大中型企事业单位大部分已开展财税信息化系统建设，采用计算机信息技术提高运算能力、存储能力，大幅度提高了劳动生产率。但是随着财税相关信息系统建设深入广泛地开展，也出现了大量现实问题，已严重阻碍了企业的正常发展。

第一，由于财务信息系统有大量企业经营数据需要输入系统，造成财务人员基础数据录入工作量很大。财务人员梳理、输入、核对等基础性、重复性工作大量存在，造成财务人员在数据整理、输入等基础工作方面占比较大，没有过多精力从事财务分析、决策支持等高端工作。

第二，由于业务系统与财务系统、财务内部各子系统之间集成能力不足或集成应用效果不好，造成了数据孤岛，业财融合应用效果不好，业务不能为财务提供数据源头，财务也不能为业务提供财务指标支撑，不能很好地实现业财深入融合为企业提质、降本增效的管理目标。

第三，系统随着业务的改变而改变的能力不足。由于市场环境是动态变化的，企业的业务也是动态发展的，但是信息系统随着业务改变而改变的能力不足，不能及时、快速、完全地满足业务发展的需要，导致经过一段时间后系统不能很好地适应管理的需要，过时的、陈旧的系统不但不能促进企业的发展，反而成了企业进步的障碍。又由于系统已使用了很多年，积累了大量企业的信息数据，用新系统替换旧系统的成本非常高昂，造成了不能满足需求又不能轻易替换、只能牺牲工作效率效果勉强应用，严重阻碍了企业发展速度和管理的提升。

根据艾维思（Everest）调研报告，具有行业特性的业务流程中，RPA 应用最广泛，占比 35%；对于行业属性不明显的业务流程，财务管理占比最大，达到 21%，其后依次是客服中心、采购、人力、IT 服务和其他领域。企业职能与 RPA 应用占比情况，如图 6-1 所示。

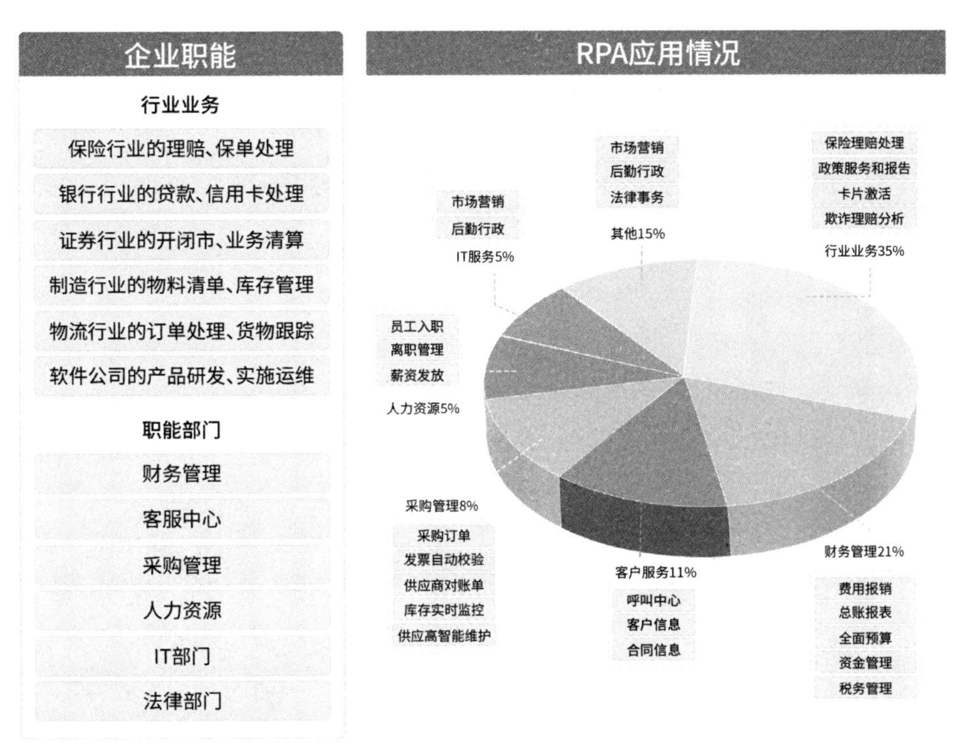

图 6-1　企业职能与 RPA 应用占比统计

（数据来源：Everest Group 调研报告）

成熟运营的财务管理标准化程度高，典型的财务标准化流程包括费用报销、采购到付款、资金结算、总账到报表及固定资产核算等与管理决策相关度较低、发生频繁且易标准化的流程，这些业务均符合财务机器人的适用标准。据统计，可以用标准化的财务流程占比情况如图 6-2 所示。

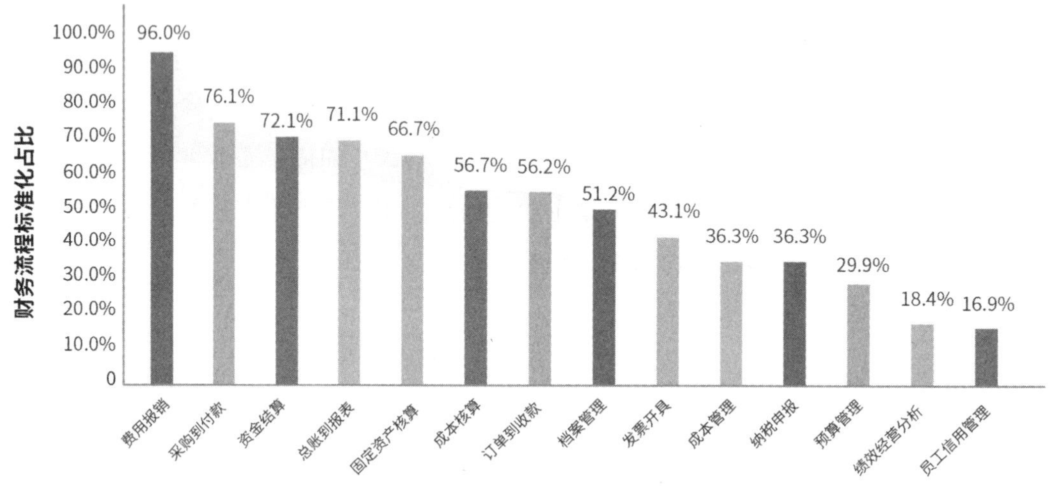

图 6-2　可标准化的财务流程占比统计

（数据来源：ACCA，中兴新云，上海财经大学 .2018 年全国共享服务领域调研报告 [R].2018.）

中国财务共享领域调研报告显示，44.8% 的受访企业已应用财务机器人，首先应用最多的业务流程为账务处理，其次为发票认证、发票校验、银行对账、费用审核和发票开具等。据统计，财务流程 RPA 已应用情况如图 6-3 所示。

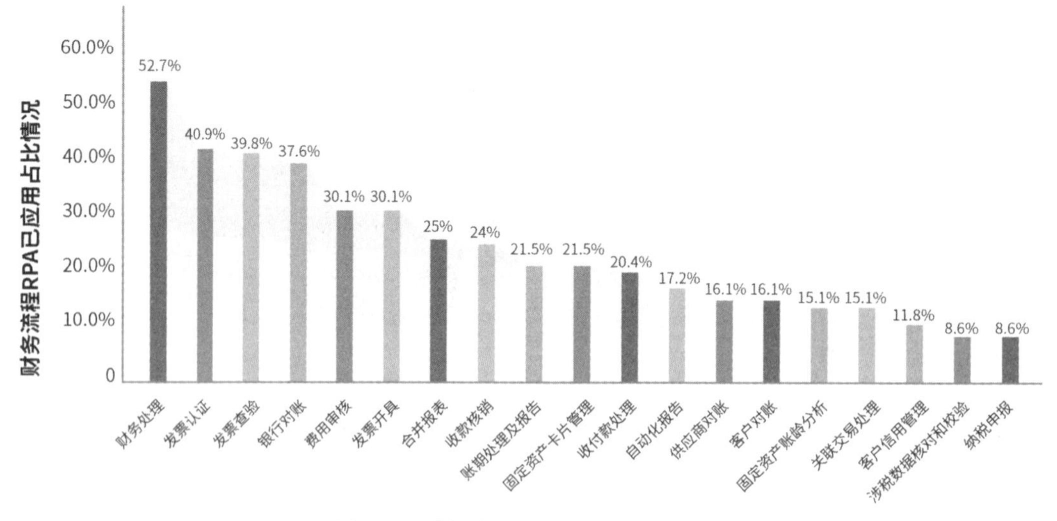

图 6-3　财务流程 RPA 已应用情况统计

（数据来源：ACCA，中兴新云，上海财经大学 .2018 年全国共享服务领域调研报告 [R].2018.）

6.3 RPA 在财税领域的典型业务场景

6.3.1 税务申报

1. 业务背景

企业按时进行税务申报是应尽的责任和义务。首先，申报存在窗口期，对于集团型公司，存在大量需要报税的主体，且主体分散在不同的地区，在规定的税期内进行报税的工作量大。其次，各地区税局平台不一，需掌握多套平台使用技能。每个地区的申报平台由不同供应商进行承建，每个平台在登录、操作功能上都存在差异，增加了办税人员的学习成本。最后，企业性质不同，报税周期存在差异，会存在漏报。不同企业性质的主体，通过在税务局进行核定后，按照不同的周期进行报税，在部分企业从小规模转为一般纳税人时，人工申报会存在工作人员未及时按周期进行报税，导致漏报的问题。

2. RPA 技术实现内容

机器人在税期内，自动从财务系统获取需要申报的数据，并将待报的数据汇总到一个 Excel 文件，机器人根据各公司的性质及所在地区的分布，自动登录对应地区的电子税务局，进入到具体税种申报界面，并根据界面填值的规则及逻辑自动对数据进行填报，并完成申报。税期后，自动将单位所有申报税种最终申报表进行下载，下载后按标准对文件夹、文件进行命名，存储在磁盘指定位置以供使用，如图 6-4 所示。

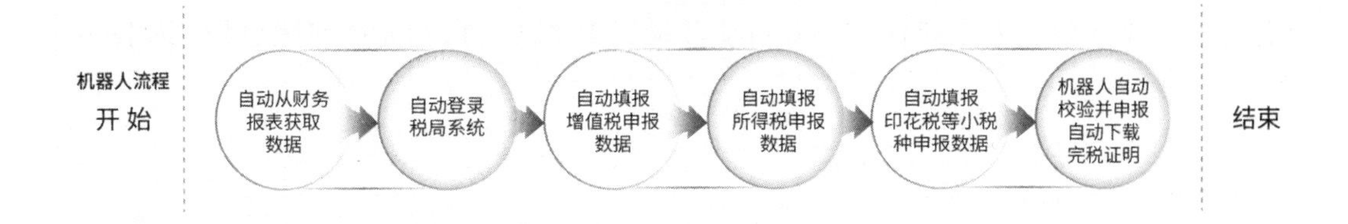

图 6-4　税务申报 RPA 处理流程

3. 预期效果

（1）按时执行：RPA 上线后，设定申报时段，机器人将自动按时启动工作，减轻企业办税负担，避免漏报、延报。

（2）准确率高：RPA 接管原来的人工处理，有效规避人为失误，避免错报。

6.3.2 银企对账

1. 业务背景

为防范企业的财务风险，企业的出纳人员每月需将企业的银行存款日记账与开户银行发来的银行存款对账单进行比较，找出未达账项，并编制每月银行存款余额调节表的过程。目前各企业在对账过程中存在以下问题：首先，对账不及时的问题，由于各银行对账周期不一，人工在处理时容易遗忘，对于银行预留了手机号的情况，超期未进行对账会收到电话及短信提醒，若在银行预留的手机号有误的情况下，会导致银行通知不到位，超期一定时间，带来银行账户封户的风险；其次，对账工作量大的问题，对于固定周期交易后的余额总额银行端、财务端存在不一致的情况，需要获取到银行端及公司财务系统端交易流水的详细信息，再逐条进行比对，找出差异，并交由 IT 信息部门协助排查处理，整个处理过程工作量大，在银行账户多及账户交易流水多的情况下，工作量成倍增加。

2. RPA 技术实现内容

针对企业对账的过程及执行周期固定与重复的特性，可引入 RPA 对账机器人来替代人工进行对账工作，通过机器人自动下载将要对比的网银数据及财务数据，将数据汇总到一个 Excel 文件，机器人根据对账规则，自动在 Excel 里进行对比判断并标记判断结果，并将最终的账户对比结果形成 Excel 文件，机器人查找对比结果 Excel 中标记为“数据一致”的账户信息，并自动登录网银系统，自动完成对账过程，如图 6-5 所示。

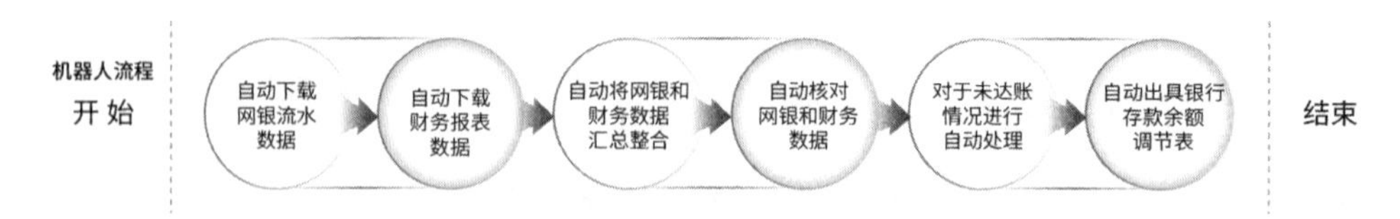

图 6-5　银企对账 RPA 处理流程

3. 预期效果

（1）零错误率。机器人按照设置的规则及程序运行，可以实现指定环境下零错误率的稳定工作质量，有效规避手工操作带来的风险。

（2）快速部署、高效执行。采用非侵入式部署，不需要改变现有各业务系统和应用程序。机器人可保持 7×24 小时在线工作，实现全年无休，稳定高效执行单调重复的工作。

（3）全流程合规、数据真实。整个对账操作过程由机器人自动串联各系统，执行任务并留存工作日志，避免数据篡改带来的风险。

第7章 RPA在政务领域的应用与分析

深化“放管服”改革，建设以公共需求为导向的服务型政府是推动政务信息化不断演进、优化的内在动因，政务信息化反过来促进政府行政效率和服务水平的提高。“放管服”改革遵循“以人民为中心”的思想。从政府组织结构的层面来看，管理型政府层层节制的组织结构消耗了大量的成本，而服务型政府在取消中间层的基础上，实现了职能交叉部门的合并，使得信息横向、纵向的流通更加高效，如图 7-1 所示。

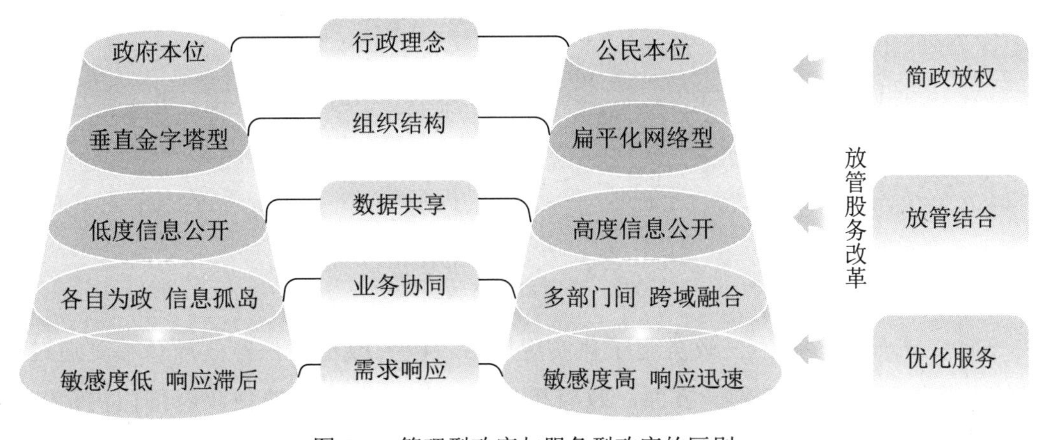

图 7-1　管理型政府与服务型政府的区别

7.1　政务领域的数字化转型历程

7.1.1　国内外政务领域数字化转型发展

数字技术在重塑商业世界的同时，也推动了政府服务和治理的数字化转型：从最早使用 IT 技术辅助政府工作，到大范围深度 IT 化改造，再到政府前台和后台工作的全面数字化，政府数字化水平不断提高。近年来，随着移动技术和智能技术的发展，一些政府又开始积极提供移动化、智能化服务[8]。尽管各国政府数字化转型路径不尽相同，但大都经历电子政府、一站式政府、数字政府 3 个阶段，如图 7-2 所示。

（1）电子政府。建设电子政府过程就是政府部门 IT 化改造的过程。美国是最早系统使用 IT 技术建设“电子政府”的国家。1993 年，美国提出利用信息和网络技术提高政府服务管理效率与经济性，开始了“电子政府”建设。2002 年，时任美国总统乔治·沃克·布什（George Walker Bush）签署《电子政府法案》，从立法角度推动了“电子政府”的进一步发展。

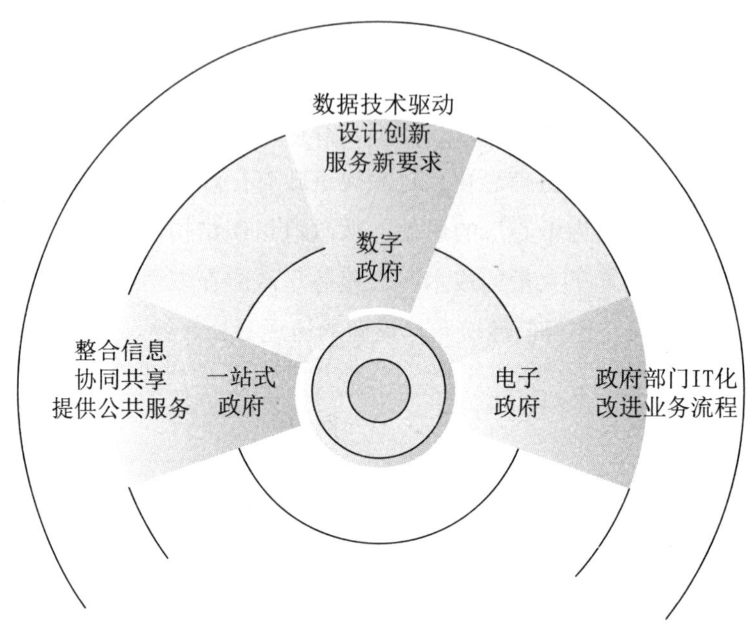

图 7-2　政府数字化转型路径

（2）一站式政府。在政务电子化实现以后，政务改革的焦点逐渐转移到通过融合的办法提供公共服务。一方面，政府机构“碎片化”的管理使政府部门内部、部门之间以及政府部门与第三部门之间的合作变得困难，需要加强信息的协同共享；另一方面，民众越来越多地要求更加个性化、可获得的公共服务。这种以“整合”和“协同”为主要特征的发展趋势被称为“一站式政府”“整体政府”或“整合政府”。芬兰、挪威、苏格拉、爱尔兰、新加坡等国家和地区均用一站式政府理念改革政府部门。一站式政府的建设重点为跨政府部门的协同合作，为民众提供跨部门的无缝式服务。

（3）数字政府。随着移动互联网、云计算、大数据、智能手机等逐渐出现和广泛使用，政府的数字化转型进一步深化。“数字政府”是以数据技术为驱动解决公民、企业经济和社会问题，而“电子政府”是重IT技术应用解决效率问题。经济合作与发展组织在2014年发表的《数字政府战略建议》认为，“电子政府”侧重于对政府现有业务流程的改进，“数字政府”侧重于创新的设计和供给公共服务，而“一站式政府”处于二者之间，既是对政府各部门业务流程的总体优化，也是对公共服务提供的创新。政府的数字化转型是政府IT化改造的演进。在“电子政府”关注工作效率和成本导向上，“数字政府”对服务内容和提供方式、服务创新、管理模式、透明度建设、公众参与、组织调整和促进经济增长等方面提出了新要求，如表7-1所示。

表 7-1　全球各大经济体力推“数字政府”

经济体	时间	政策	主要内容
美国	2012 年	《数字政府：创建 21 世纪的平台以更好地服务美国人民》	将面向用户的移动政务服务置于优先地位，旨在为美国民众提供更优质的公共服务
	2009 年	《联邦云计算计划》	规定所有联邦政府采购项目中云计算优先，其中，联邦政府年度 800 亿美元的 IT 项目预算中有 25% 可采用云计算
	2009 年	建立政府数据开放网站 Data.gov	旨在实现公众对联邦政府各机构形成高价值、机器可读数据集的便捷存取，进而鼓励社会各界在海量数据的基础上进行创新性应用
欧盟	2016 年	《2016—2020 电子政务行动计划》	1. 利用关键数字使能技术（如电子身份证、电子签名等）实现公共管理的现代化；2. 跨境互操作性以实现个人和企业的自有流动；3. 促进行政管理部门与公众或企业的数字化互动，以使后者享受高质量的公共服务
	2017 年	《英国数字战略》	深入推进政府数字转型，打造平台型政府，更好地为民众服务和政务
英国	2009 年	《数字英国》	数字化第一次以国家顶层设计出现，从国家战略高度对英国社会、经济、文化等方面的数字化进程设立明确目标，旨在将英国打造成世界数字之都
	2012 年	集中电子政务	2014 年，英国政府将原有的 24 个政府部门拥有的所有网站一并撤销，建立统一门户网站，并且陆续将其他 331 个公共机构的网站也纳入其中。集中的电子政务服务将所有数据集合分类，淘汰了众多冗杂的办事手续及过程，提高政府办事效率

2022 年 9 月 28 日，联合国经济和社会事务部正式发布《2022 年联合国电子政务调查报告》，在联合国 193 个会员国中，中国在 2022 年的电子政务发展水平位居全球第 43 名，相比 2020 年的第 45 位提高两个名次，属于非常高水平，如图 7-3 所示。在联合国主要考察的三个维度中，在线服务排名和电信基础设施的水平都较高。其中，在线服务排名 13 位。电信设施排名近年来大幅上升，在 2022 年达到第 47 位，凸显出“新基建”取得的瞩目成绩。人力资本排名较低，为全球第 101 位，该指标会影响大众接受和使用电子政务的程度。电子参与的指标排名也很高，全球第 15 位，位列全球领先位置，并在近年来稳步上升，如图 7-4 所示。

7.1.2　国内政务领域数字化转型的政策保障

中国电子政务领域起步于 20 世纪 80 年代末，我们认为经历了从信息化，到电子政务，再到数字政府的发展过程，大致可分为5个阶段：1996年即国务院信息化工作领导小组成立前；1996—1999年国务院信息化工作领导小组统筹推进时期；1999—2014年国家信息化工作领导小组统筹推进时期；2014—2018年中央网络安全和信息化领导小组统筹推进时期；2018年至今的新发展新时期，如图7-5所示。

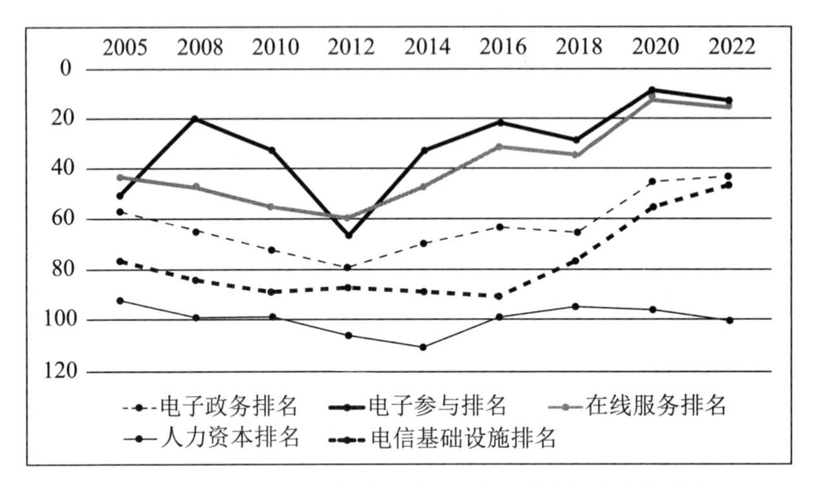

图7-3　2005-2022年我国在联合国电子政务调查中的排名

数据统计来源：历年联合国电子政务调查报告（https://publicadministration.un.org/egovkb/en-us/）

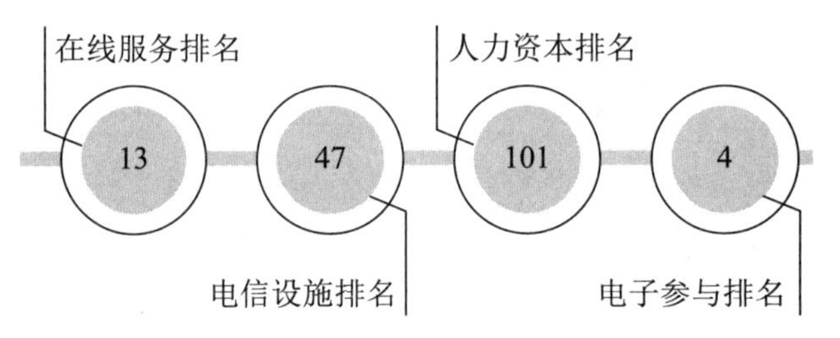

图7-4　2022年我国电子政务发展指数分项排名

国务院信息化工作领导小组成立前（1996年前）：“三金工程”

国务院信息化工作领导小组统筹推进时期（1996—1999年）：政府上网工程

国家信息化工作领导小组统筹推进时期（1999—2014年）：两网一站四库十二金

中央网络安全和信息化领导小组（2014—2018年）：网络安全、信息化

2018年至今：“放管服”“互联网+”政务服务

图7-5　我国政府信息化发展历程

中国政务数字化转型历经多年发展，通过相关重大工程项目的促进，数字社会、数字政府建设向智能化迈进，如图 7-6 所示。

1987年1月24日	国家经济信息中心正式成立
1990年	43部委信息中心成立
1993年	启动“三金工程”，即“金桥”“金关”“金卡”
1999年1月22日	“政府上网工程”启动，由中国邮电电信总局和国家经贸委经济信息中心等40多家部委（办、局）信息主管部门联合策划发起
2000年5月	推进“三网一库”建设，《国务院办公厅关于进一步推进全国政府系统办公自动化建设和应用工作的通知》（国办发【2000】36号）
2001年	国务院信息化工作办公室成立
2002年8月	中国共产党中央委员会办公厅、中华人民共和国国务院办公厅联合下发《国家信息化领导小组关于我国电子政务建设指导意见》（17号文），这是首次以中办、国办名义印发的电子政务全局性指导文件，规划的“两网四库十二金”作为后续一段时间重点建设的信息
2006年1月1日	中华人民共和国中央人民政府门户网站正式开通
2006年3月	国家信息化领导小组，《国家电子政务总体框架》国信【2006】2号
2013年5月	中华人民共和国国家发展改革委员会《关于加强和完善国家电子政务工程建设管理的意见》
2015年8月	国务院，《促进大数据发展行动纲要》
2016年12月	《“十三五”国家信息化规划》
2017年2月	贵州省大数据发展管理局，挂牌成立，第一个省级大数据局
2018年6月	国务院办公厅，《进一步深化“互联网+政务服务”推进政务服务“一网、一门、一次”改革实施方案》
2018年底	23+省、200+地市，正式成立“大数据管理部门”
2019年5月	全国政务服务一体化平台上线试运行
2020年6月11日	《国家电子政务标准体系建设指南》
2020年7月3日	《中华人民共和国数据安全法（草案）》
2020年9月30日	国务院办公厅发布 《国务院办公厅关于加快推进政务服务“跨省通办”的指导意见》 《全国高频政务服务“跨省通办”事项清单（共140项）》
…………	

图 7-6　中国政务数字化转型发展大事记

1. 国务院信息化工作领导小组成立前（1996年之前）

20世纪80年代开始，各级各类国家机构信息中心（如信息管理办公室、国家信息中心）建立。1993年，成立了国家经济信息化联席会议，时任国务院副总理邹家华为主席，统一领导和组织协调全国的信息化建设工作，领导小组下设办公室。

这一阶段，电子政务建设进展最大标志是1993年底正式启动的“三金工程”，即经济信息通信网“金桥”工程、海关联网“金关”工程和电子货币“金卡”工程，“三金工程”是中国中央政府主导的以政府信息化为特征的系统工程，是中国政府信息化的雏形。

2. 国务院信息化工作领导小组统筹推进时期（1996—1999年）

1996年1月，国务院信息化工作领导小组成立，国务院副总理邹家华担任组长。国家启动了“政府上网工程”，目标是争取在2000年实现80%的中国各级政府、各部门在网络上建有正式站点，并提供信息服务和便民服务，为构建一个高效率的电子化政府打下基础。

3. 国家信息化（工作）领导小组统筹推进时期（1999—2014年）

在国家信息化小组的领导下，主要经历了1999—2001中华人民共和国信息产业部、2001—2007年国务院信息化工作办公室、2008—2014年中华人民共和国工业和信息化部3个阶段。

（1）信息产业部时期（1999—2001年）。1999年12月，成立了由时任国务院副总理吴邦国担任组长的国家信息化工作领导小组。

（2）国务院信息化办公室时期（2001—2007年）。2001年8月，中共中央和国务院重新组建国家信息化领导小组，时任国务院总理朱镕基任组长。这一时期，我国电子政务围绕“两网一站四库十二金”快速推进。一是启动了电子政务内网和外网建设；二是全面推进中央、省、市、县四级政府网站建设；三是启动了人口、法人、自然资源和空间地理、宏观经济四大基础数据库建设；四是全面开启了“十二金”工程建设，完善已取得初步成效的办公业务资源系统、金关、金税和金融监督（含金卡）四个工程，启动和加快建设宏观经济管理、金财、金盾、金审、社会保障、金农、金质和金水等八个业务系统工程建设。2002年8月，中办、国办联合下发《国家信息化领导小组关于我国电子政务建设指导意见》（17号文），这是首次以中办、国办名义印发的电子政务全局性指导文件，规划的“两网一站四库十二金”作为后续一段时间重点建设的信息化工程。其中：“一站”，是指政府门户网站；“两网”，是指政务内网和政务外网；“四库”，即建立人口、法人单位、空间地理和自然资源、宏观经济等四个基础数据库；“十二金”，则是要重点推进办公业务资源系统等十二个业务系统。

“两网一站四库十二金”覆盖了我国电子政务亟须建设的各个方面，涉及信息资源开发、信息基础设施建设与整合、信息技术应用等领域。其特点各异，但相互渗透和交融，初步构成了我国电子政务建设的基本框架。

（3）工业和信息化部时期（2008—2014 年）。2008 年，国务院信息化工作办公室（国信办）并入工业和信息化部，与电子政务相关职能被合并到了工信部信息化推进司。这一阶段，一是政务信息共享和业务协同得到推进，各级政府大力推进智慧城市建设，提升区域信息化建设水平，各级政府部门围绕市政管理、应急救灾、公共安全、社区服务、市场监管、并联审批等业务主题，提升了政府政务公开、政务服务能力。二是各级政府部门电子政务新技术如移动互联、云计算的推广应用。适应移动互联网发展，多数政府部门政府网站都推出了手机版政府网站、政务微博和政务服务 App 应用等。

4. 中央网络安全和信息化领导小组统筹推进时期（2014—2018 年）

2014 年 2 月，党中央成立中央网络安全和信息化领导小组，由中国共产党中央委员会总书记习近平担任组长。该阶段重点工程是落实全国网络安全和信息化推进工作。

2015 年 8 月国务院发布《促进大数据发展行动纲要》，以大数据技术为支撑，进行大变革、大转型、大融合和大创新。

2016 年 7 月，中共中央、国务院发布《国家信息化发展战略纲要》，提出持续深化电子政务应用，解决信息碎片化、应用条块化、服务割裂化等问题，以信息化推进国家治理体系和治理能力现代化。

2016 年 9 月，国务院发布《关于加快推进“互联网 + 政务服务”工作的指导意见》，提出到 2020 年底前，实现互联网与政务服务深度融合，建成覆盖全国的整体联动、部门协同、省级统筹、一网办理的“互联网 + 政务服务”体系。

2017 年 2 月，国家发改委印发《“十三五”国家政务信息化工程建设规划》，要求统筹构建一体整合大平台、共享共用大数据、协同联动大系统，推进解决互联互通难、信息共享难、业务协同难的问题。

2017 年 5 月，国务院发布《政务信息系统整合共享实施方案》，提出到 2018 年 6 月底前，国务院各部门接入国家数据共享交换平台，各地区结合实际统筹推进本地区政务信息系统整合共享工作，初步实现政务信息系统互联互通。

5. 现状（2018年至今）

2018年2月，中共中央网络安全和信息化委员会办公室会同国家发展改革委、工业和信息化部、中国国家标准化管理委员会等有关部门联合成立国家电子政务专家委员会。以建设全国一体化在线政务服务平台为核心，深化“放管服”改革，进一步推进“互联网+”政务服务的目标。

2018年6月，国务院办公厅印发《进一步深化“互联网+政务服务”推进政务服务“一网、一门、一次”改革实施方案》，提出深化“放管服”改革，进一步推进“互联网+政务服务”，加快构建全国一体化网上政务服务体系，推进跨层级、跨地域、跨系统、跨部门、跨业务的协调管理和服务。

2018年7月，国务院办公厅印发《关于加快推进全国一体化在线政务服务平台建设的指导意见》，提出推动“放管服”改革向纵深发展，推进各地区各部门政务服务平台规范化、标准化、集约化建设和互联互通，形成全国政务服务“一张网”。

2019年4月，国务院公布《国务院关于在线政务服务的若干规定》，加快建设全国一体化在线政务服务平台，推进各地区、各部门政务服务规范化、标准化、集约化建设和互联互通，推动政务服务全国标准统一、全流程网上办理，促进政务服务数据共享和业务协同。

2020年11月，中国共产党第十九届中央委员会第五次全体会议审议通过《中共中央关于制定国民经济和社会发展第十四个五年规划和二〇三五年远景目标的建议》，提出加快数字化发展。加强数字社会、数字政府建设，提升公共服务、社会治理等数字化智能化水平。推进政务服务标准化、规范化、便利化，深化政务公开。

7.2 当前政务领域数字化转型趋势

当前，全球范围内的数字化转型步伐正在加快，世界主要发达国家纷纷提出政府数字化转型战略与规划，以公众需求为导向，以提升政府治理与政府服务能力为目标，致力于建设开放、共享、高效、协同的数字政府。

RPA适用于需要大量人工进行的具有一定规则的、重复性的劳动，AI加持的RPA同时具备感知能力和认知能力，应用更加广泛。采用RPA+AI技术后，RPA机器人可以协助政务工作人员从事大量具有一定规则性、重复性的工作，自动识别业务资料并进行分类，自动在委办局系统填写，定期查询办理结果并归档，实现精准、高效的政务服务，让办事企业及群众的“最多跑一趟”成为新常态。同时 RPA 机器人可以无情绪化、零失误地完成 7×24 小时不间断工作，大大缩短了工作流程、提高了工作效率、提升了政务服务的满意度。

7.3　RPA 在政务领域的典型业务场景

7.3.1　12345 热线电话的智能转单服务

1. 业务背景

政府部门的问政中心从 12345 政务服务便民热线、政府门户网站（含书记、区长信箱）等渠道接收的群众诉求，占相关政府部门待处理业务的一半以上，并逐年快速增长。同时政府部门问政中心人员编制有限，员工不堪重负，迫切需要以智能化、信息化手段辅助工作，提高工作效率，提高群众满意度。

2. RPA 技术实现内容

通过需求分析，融合“RPA+AI+NLP+ 深度学习（deep learning，DL）”技术，将两个独立的需求分别形成工单派发 RPA 机器人和工单复核 RPA 机器人，其中工单派发 RPA 机器人每天循环查询待分派工单，并基于 AI 分类结果自动将工单分派到相应部门；工单复核 RPA 机器人每天循环查询待复核工单，并基于 AI 对回复信息的评估，决定是否自动复核，若可以自动复核，则复制回复信息提交工单，如图 7-7 所示。

3. 预期效果

（1）定时执行：RPA 上线后，每天设定好时段，机器人将自动按时启动工作。

（2）准确率高：RPA 进行工单的日常处理，其派单准确率高达 93%。

（3）释放人力，降低成本：RPA 可全天候“在岗”值守，单位时间执行效率是人工的 5 倍左右。

（4）提高群众满意度：问政平台的工作人员中从烦琐工作中解脱出来，着力分析人民反馈的痛点、难点问题，直击问题症结，研究更有建设性的解决方案，加快推进相关部门处置办理，将民意反馈的诉求落到实处、精准解决，切实提高服务质量和效率。

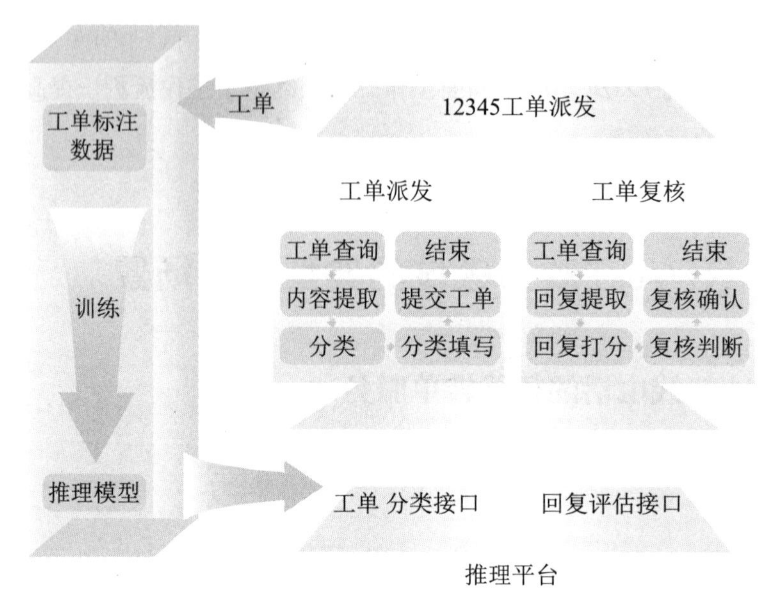

图 7-7　智能转单服务 RPA 处理流程

7.3.2　政府秒填秒报秒核秒验

1. 业务背景

市民通过“秒批秒办”平台网站、App、自助终端，按照办理事项提示，上传对应的资料信息，RPA 机器人值守政府“秒批秒办”平台，当有新的网办信息传入之后，机器人第一时间将数据报送政务数据交换平台和业务系统，并且对信息进行审核，再反馈给一体化平台，实现“秒批秒办”，提高市民办事效率，如图 7-8 所示。

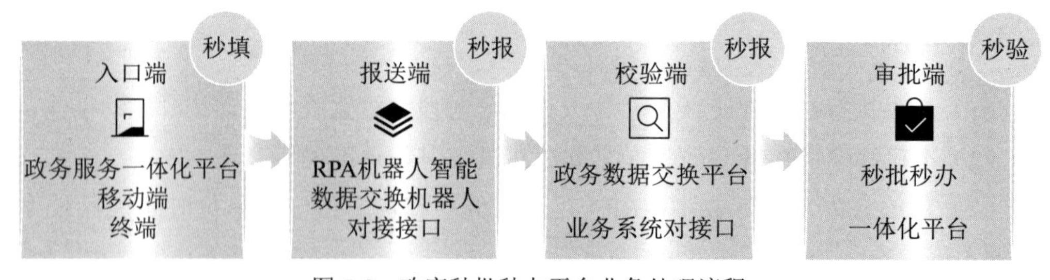

图 7-8　政府秒批秒办平台业务处理流程

2. RPA 技术实现内容

梳理热门事项，建立智能审批流程，通过智能分析申报页面，实现支撑材料的一键打包上传、自动匹配关联、智能纠错和关键数据的抽取。基于审核规则，实现系统智能比对，并根据比对结果出具面向申报人的机审报告、办件办结结果，如图 7-9 所示。

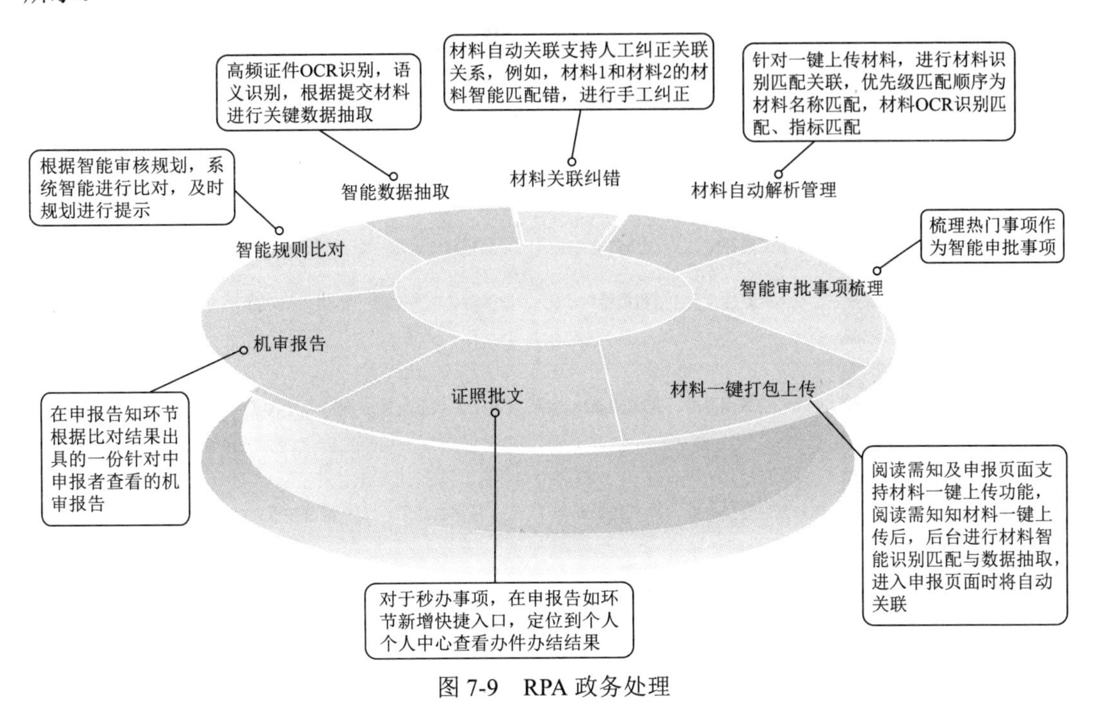

图 7-9　RPA 政务处理

3. 预期效果

基于省、市一网通办系统，通过运用 RPA 解决原始数据采集、数据多次录入与转录、多系统快速串联等问题，实现委办局业务系统的互联互通、秒录秒批秒办秒回，提升了服务质量和群众口碑。

7.3.3　RPA 在相关厅局业务适用的场景

“互联网 +”进政府，主要体现在两个方面：一是信息采集、信息监控等技术手段上的创新、创意，信息通过互联网被采集、输送，大大舒缓了信息传递的资金、人力、时间成本；二是“互联网 + 政务服务”概念，体现了简政放权中“放管结合”的理念，让政府的服务功能得到提高。各地区各部门网上政务服务平台建设、服务流程的规范统一，使得 RPA 在政府相关厅局存在广泛的业务适用场景，如表 7-2 所示。

表 7-2　RPA 相关厅局业务适用场景

部门	适用场景			
财政局	数据迁移	国库挂账	工资代发	报表预算
	财政公开	自动审计		
税务局	个税汇算补全	欠缴数据补全	月报自动通知	税务模型报批
	税务变更检查	涉税报验自动化	业务短信精确发送	机器人报表填写
卫健委	地市防疫数据上报	防疫点数据上报	自动化数据对接	风险人员数据对接
教育局	学校网站安全排查	报账自动化	挂账自动化	报表数据采集
公安局	公安文书数据采集	公安手采数据采集	数据加密打包自动化	
	数据SHA1计算自动化	公安文书填录生成	网页取证辅助自动化	
	视频取证辅助自动化	舆情引导考核辅助	社区疫情防控辅助	
其他局委	贸易仓单数据处理	市场自动退税处理	业务参数自动调整	办事群数据自动收发

第 8 章

RPA 在制造业的应用与分析

数字经济时代，AI、大数据等新一代信息技术都在推动着制造业的转型升级，然而大量中小制造企业信息化程度依然不高，仍处于“低利润”的困境。制造企业的低利润不仅意味着企业生产处于产业链的中低端，更增加了企业的脆弱性。当全球经贸形势发生变化时，低利润企业抵御风险的能力更弱，业绩也更易受到影响。为了在全球经济中保持竞争力，降本提效和提高生产力，已经成为制造业的普遍共识。作为制造业内数字化转型的关键推动因素，RPA 技术可以有效简化和优化复杂的后台运营流程，帮助企业降本提效，制造商可以在几周内感受切实的投资回报，如图 8-1 所示。

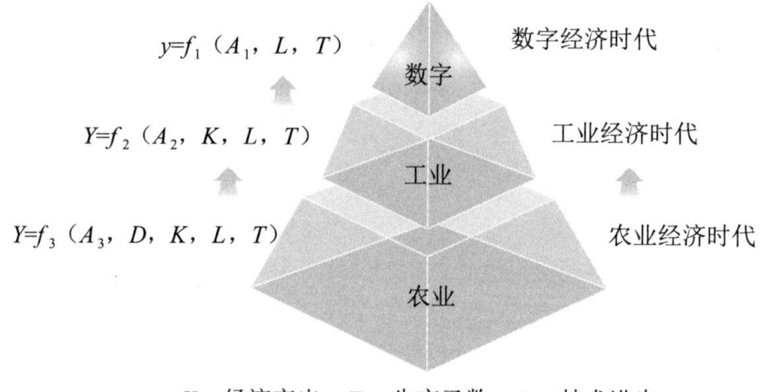

Y— 经济产出；*F*— 生产函数；*A*— 技术进步

L— 劳动力；*T*— 土地；*K*— 资本；D— 数据。

图 8-1 生产函数变迁

（引自《制造业数字化转型路线图（2021）》）

根据信息服务集团（information service group，ISG）的研究，RPA 技术能让订单到现金流程所需资源减少 43%，发票处理所需资源减少 34%，供应商管理所需资源减少 32%。

8.1 制造业的数字化转型历程

8.1.1 国内外制造业数字化转型发展

制造业是工业的主体，也是国民经济发展的重要支柱，要理解制造业的数字化必要性及本质，从工业发展的历史纵深感可见一斑。从 18 世纪 60 年代开始，人类社会历经四次工业革命，每一次工业革命都诞生了许多技术，其中最具代表性的技术则分别是蒸汽机、发电机、计算机和互联网，与之对应的就是工业发展的机械化、电气化、信息化和数字化。

1. 第一次工业革命：机械化

第一次工业革命开始于 18 世纪 60 年代，标志性事件是织布工詹姆斯 • 哈格里夫斯（James Hargreaves）发明了“珍妮纺纱机”，从此棉纺织业中出现了螺机、水力织布机等先进机器。不久之后，采煤、冶金等许多工业部门也陆续出现机器生产。随着机器生产越来越多。原有的动力（如畜力、水力和风力）等已经无法满足需要。1785 年，詹姆斯 • 瓦特（James Walt）制成的改良型蒸汽机投入使用，它提供了更加便利的动力，推动了机器的普及和发展，人类社会由此进入了“蒸汽时代”。蒸汽机的广泛应用意味着生产不再依赖水力和畜力，大机器生产开始取代工场手工业。大机器生产促进了工厂和城市的兴盛，生产力开始了第一次大爆发。

2. 第二次工业革命：电气化

1866 年，德国人维尔纳 • 冯 • 西门子（Ernst Werner von Siemens）研制出发电机，随后电灯、电车、电影放映机相继问世，人类进入了“电气时代”。19 世纪七八十年代，以煤气和汽油为燃料的内燃机相继诞生，解决了交通工具的发动机问题，让汽车、轮船和飞机得到了迅速发展，并推动了石油开采业的发展和石油化工工农业的产生。19 世纪 70 年代，美国人亚历山大 • 贝尔（Alexander Graham Bell）发明了电话，90 年代，意大利人伽利尔摩 • 马可尼（Guglielmo Marconi）发明了无线电报，为迅速传递信息提供了可能。发电机、电灯、电车、内燃机、电话和电报等技术的发明，推动了第二次工业革命的诞生。

3. 第三次工业革命：信息化

20 世纪 40 年代，第三次工业革命开始，其代表技术是电子计算机、原子能、航天、人工合成材料、分子生物等。第三次工业革命让生产效率的提升从以前主要依靠提高劳动强度，变成通过生产技术的不断进步、劳动者的素质和技能不断提高。这也使经济、管理、生活等发生重大变化，人类的衣、食、住、行、用也在发生重大变革。在这些技术中，对人类社会影响最大的是计算机的发明和应用，它推动了生产自动化、管理现代化、科技手段现代化和国防技术现代化，也推动了情报信息的自动化。

4. 第四次工业革命：数字化

现在，我们正处于第四次工业革命。第四次工业革命是第三次工业革命的延续，相当于第三次工业革命的升级版，其标志性事件是万维网的诞生。1990 年，蒂姆·伯纳斯·李（Tim Berners-Lee）第一次成功通过互联网（Internet）实现了超文本传输协议（hyper text transfer protocol，HTTP）代理与服务器的通信，这意味着万维网的诞生。万维网让互联网开始走向商用并成为一个产业，让人从信息化时代走向数字化时代。随着 5G、云计算、工业互联网以及 AI 等新兴技术的不断发展，数字化转型已成为企业发展的第一要务[9]。在“智能制造”“工业 4.0”“工业互联网”为主题的新工业革命大背景下，世界各国的制造业企业都在积极拥抱数字化转型，如表 8-1 所示。

表 8-1 欧美等国家的数字化转型政策与目标

国家或组织	政策	目标
美国	《关键与新兴技术国家战略》(2020年 10月)	美国要成为关键和新兴技术的世界领导者,并构建技术同盟,实现技术风险管理。其中包括通信及网络技术、数据科学及存储、区块链技术、人机交互等
加拿大	《重启、复苏和重新构想加拿大人的繁荣:构建数字化、可持续和创新性经济的宏伟增长计划》(2020年 12月)	创造包容性增长轨道，投资数字战略性基础设施，成为数字和数据驱动的经济
欧盟	“2030数字罗盘”计划(2021年3月)	一是拥有大量能熟练使用数字技术的公民和高度专业的数字人才队伍。 二是构建安全、高性能和可持续的数字基础设施。到2030年,生产出欧洲第一台量子计算机等。 三是致力于企业数字化转型。到 2030 年，3/4 的欧盟企业应使用云计算服务，大数据和人工智能。 四是大力推进公共服务的数字化。到2030年,所有关键公共服务都应提供在线服务;所有公民都将能访问自己的电子医疗记录
英国	《国家数据战略》(2020年9月)	推动数据在政府、企业、社会中的使用，并通过数据的使用推动创新，提高生产力，创造新的创业和就业机会，改善公共服务
德国	《“创新德国”未来一揽子研究计划》(2020年6月)	投资科学、研究和未来技术： 到 2025 年，增加对人工智能的投入，从原计划的 30 亿欧元到 50 亿欧元。 借助《德国人工智能战略》为欧洲人工智能网络和“我工智能欧洲制造”的竞争力奠定基础

续表

国家或组织	政策	目标
法国	《使法国成为突破性技术主导的经济体(2020年2月)	遴选出法国有领先潜力且需要国家集中战略支持的市场,包括数字医疗、发展健康数据基础设施与服务;利用健康数据提供诊断预测、预防、个性化随访等数字化解决方案与服务;开发与数字化解决方案相适应的新型保健设备和医疗设备。
俄罗斯	《关于2030年前俄罗斯联邦国家发展目标的法令》(2020年7月)	数字化转型部分设立了4项指标: 1.经济和社会领域关键部门达到"数字化成熟",包括卫生、教育以及国家管理;2.在具有社会重要意义的大众服务中,能够以电子形式提供的服务占比提高到95%;3.宽带接入互联网的家庭比例提高到97%;4.信息技术领域的国内解决方案投资增加到2019年的4倍
日本	《科学与技术基本计划第六版》(2021年3月)	适应新形势并推进数字化转型,构建富有韧性的经济结构,在世界范围内率先实现超智能社会 5.0
新加坡	《数字服务计划及标准(DSS)》(2020年)	全球范围内率先实现全城市的数字孪生建设
韩国	《基于数字的产业创新发展战略》(2020年8月)	通过制定"数字+制造业"创新发展战略,将重点放在韩国的优势产业制造业上,提高制造业中产业数据(产品开发、生产、流通、消费等产业活动全过程中产生的数据)的利用率,以增强韩国主力产业的竞争力
阿根廷	《国家科技创新2030战略规划》(2020年11月)	科学技术交叉融合方面,加大对跨领域交叉学科的支持,增加和创造跨领域技术的发展和效益

通用电气公司（General Electric Company，GE）在 2011 年就开启了数字化转型的探索，涉及通用电气公司的工作推进方法、公司文化乃至人事制度。德国西门子推出 MindSphere 生态系统，并借此正式开启了数字化的转型和实践。瑞士阿塞尔·布朗·博韦里（Asea Brown Boveri，ABB）公司推出了 ABB Ability 云端服务平台，试图通过建立开放的智能云平台，提供端到端的数字化解决方案。日本三菱推出了“e-Factory”，试图通过工厂自动化（factory automation，FA）技术和 IT 技术，削减开发、生产、维护全体的综合成本，实现制造领先一步的数字化解决方案。世界上各国的工业巨头纷纷拥抱数字化转型，这不仅仅是因为大势所趋，还关乎着新一轮工业革命主导权的争

夺。众所周知，德国、美国、中国等国家相继提出工业 4.0、工业互联网和中国制造 2025 等国家战略，就是为了在新一轮工业革命的竞争中占据领导地位。无论是工业 4.0、工业互联网还是中国制造 2025 等战略的实现都要经历数字时代，完成数字化转型 [10]。他们都明白，谁先完成数字化的转型升级，谁将快人一步抢占新一轮工业革命的高地，谁也将会成为新一轮工业革命的领导者。

8.1.2 国内制造业数字化转型的政策保障

近年来，互联网、大数据、云计算、AI、区块链等技术加速创新，日益融入经济社会发展各领域全过程，“十四五”建设以来，国家加快工业，尤其是制造业的数字化转型战略布局。2021 年“十四五”规划中，数字化独占一篇，位列第五。“加快数字化发展建设数字中国”，成为未来 5 年乃至 10 年数字化转型发展的行动纲领 [11]。2021 年 12 月，中央网络安全和信息化委员会印发的《“十四五”国家信息化规划》（以下简称《规划》），部署了“构建产业数字化转型发展体系”重大任务，明确了数字化转型的发展方向、主要任务、重点工程，为未来五年我国数字化转型发展提供了有力指导。2021 年 9 月，中国电子技术标准化研究院编制的《制造业数字化转型路线图》以“如何推进制造业数字化转型”问题为出发点，聚焦数字化转型的概念、维度、原则、实践、标准、抓手等方面，给出制造业数字化转型的基本方法论。回答制造业数字化转型“是什么”“转什么”“怎么转”“转到哪”“用何转”“抓什么”等问题。

8.2 当前制造业数字化转型趋势

数字化改变了制造业的整体格局，先进的技术正在将这个行业推向更高的高度。根据最新的营销报告，2021 年全球制造业的收入为 1 161.4 亿美元。这些数字将在 2028 年以 16.4% 复合年增长率增长到 3 371.0 亿美元。复合年增长率的稳步增长源于全球对数字化制造技术不断增长的需求。在制造业的数字化转型趋势中，AI 技术的应用一马当先，利用深度学习和预测分析来改进业务流程，将人工执行的重复性任务自动化并提高投资回报率。

制造业企业通过数字化转型，以数据为驱动，借助大数据、云计算等技术，打通企业生产经营各环节。优化资源，实现管理升级和模式创新，达到降本增效的目的，实现高质量发展。目前制造业企业的数字化转型的创新领域包括以重塑管理体系为主的协同办公、财务等；以提高流程效率为主的 ERP、RPA、供应链、智能制造、在线客服等；以构建万物互联为主的物联网设备、数字化产品、一站式服务等，如图 8-2 所示。

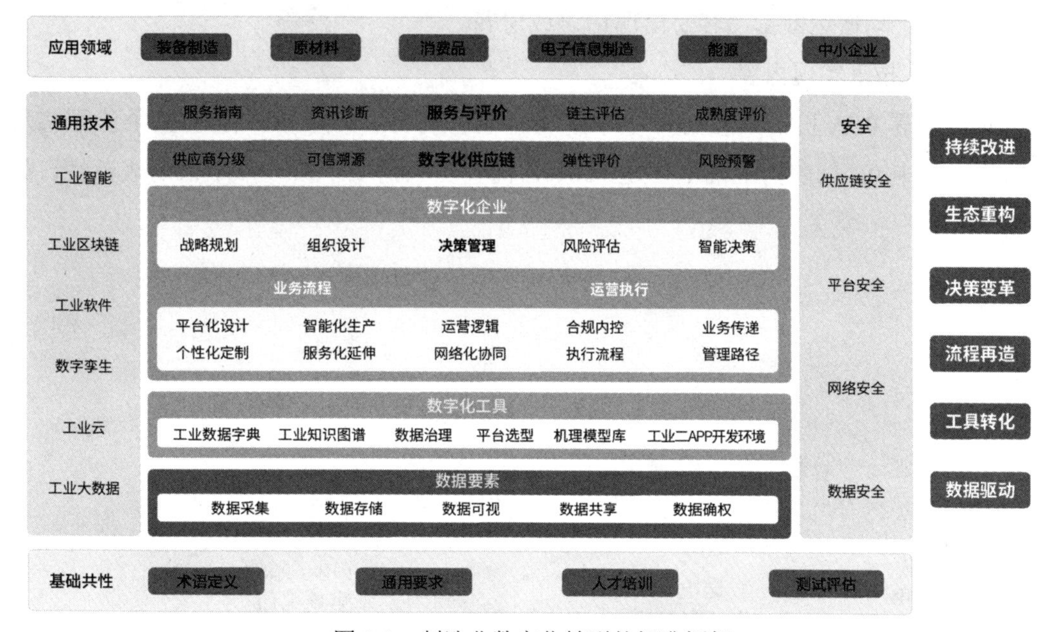

图 8-2　制造业数字化转型的标准框架

（引自《制造业数字化转型路线图（2021）》）

制造业企业拥抱数字化转型主要呈现出以下三个变化。

（1）从被动到主动。从提高效率的工具，转为创新发展模式、强化发展质量的主动战略。

（2）从片段到连续。从局部生产经营，转为对全局流程和架构的优化。

（3）从垂直分离到协同集成。从单一环节 / 领域 / 行业，转为对产业生态的覆盖。

8.3　RPA 在制造业的典型业务场景

8.3.1　订单管理

1. 采购订单管理

1）业务背景

采购是企业的一项非常重要的业务流程，因为这关系到生产效率。各个工厂或仓库有物料需求时会发出一个申请，这个申请会通过系统发送到总部进行审核，然后按照分类打包成采购申请单（purchase request form，PR），接着需要发送询价函找到合适的卖家。某部门约有30人专门负责在多个系统中完成这个业务流程，不仅费时费力而且跨系统手动搬运数据，容易出现错误或遗漏。

2）RPA技术实现内容

通过部署RPA机器人可将订单申请、打包、询价、订单录入系统整个流程实现自动化。其中PR创建的准确性可达100%，而员工只需要审核订单申请的规范性，如图8-3所示。

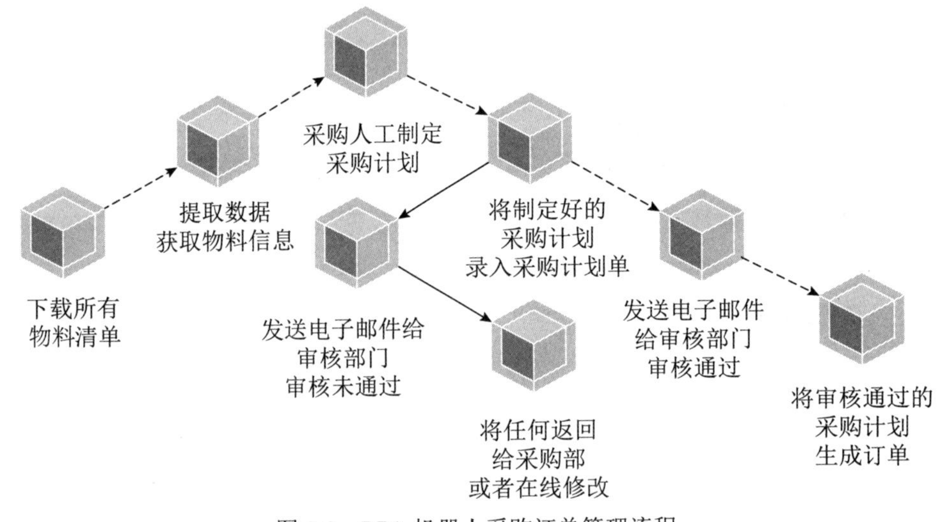

图8-3 RPA机器人采购订单管理流程

3）预期效果

（1）稳定执行，准确率高：RPA上线后，可实现7×24h的全天候安全稳定执行，准确率达到100%。

（2）释放人力，降低成本：RPA执行效率可达到人工的15倍以上，大大降低人力成本。

（3）打破数据孤岛：RPA机器人值守多业务系统，实现跨系统处理数据，解决数据孤岛问题。

2. 进/出仓订单管理

1）业务背景

库存需要制造商和供应商定期跨多个系统进行监控和维护，以确保他们有足够的库存水平来满足客户的需求，同时控制成本。在大型制造企业的仓库管理过程中，进仓和出仓订单操作流程非常重要。物流提供的所有进仓单/出仓单，都需要经历新建订单、输入订单详情、订单明细和附件保存或更新到仓库管理系统（warehouse management system，WMS）等过程，不断循环录入，直到订单信息更新完毕，仓储流程才能继续进行。每天随着货物的进出不断地重复这个步骤，任务繁重，需要仔细核对以避免纰漏和返工，同时因为订单仓库经常频繁入仓和出仓，短时间内要完成上述的大量操作，所以员工的周转压力很大。

2）RPA 技术实现内容

首先，RPA 机器人自动定时扫描本地 / 系统里新的进仓单，如果发现新的订单，则自动登录物流供应链平台，创建新的订单并选择订购单中的存货商；其次，判断订单格式，对 PDF 的格式进行 OCR 识别，将其转换为表格；最后，对照 Excel 表格的内容提取系统中对应的货品、订单号、计划数量、计划总件数等字段填入 WMS，如图 8-4 所示。

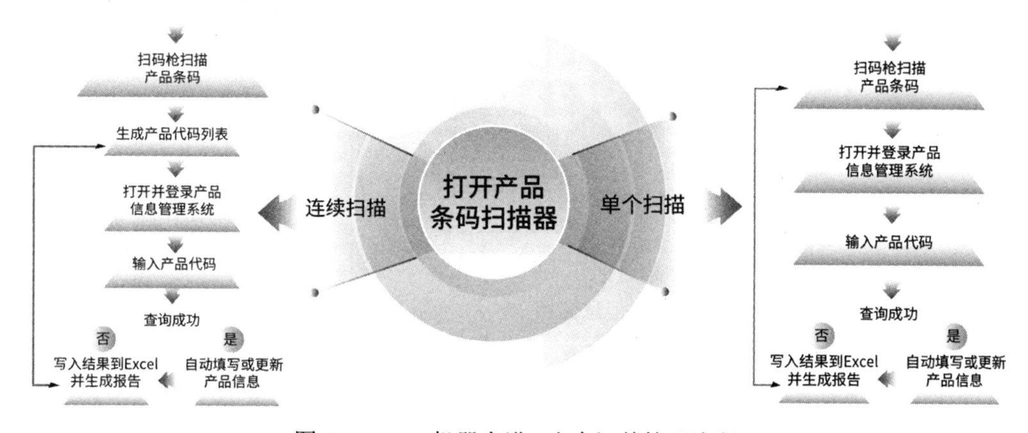

图 8-4 RPA 机器人进 / 出仓订单管理流程

3）预期效果

整个进仓 / 出仓订单管理都是由 RPA 机器人自动执行，只需要安排人工在流程的最后环节确认结果。因此在整个流程中，员工从过去全流程的手动录入变成只需要确认结果，仓储的信息周转效率可提高 80% 以上。

8.3.2 数据录入

1. BOM 物料清单

1）业务背景

物料清单（bill of materials，BOM）是制造业中至关重要的数据文件，包含了构建产品所需的原材料、组件、子组件和其他材料的数量、存放地点、组装和打包方式等详细信息，是计算机识别物料的基础依据。即使是单一的遗漏或小小的失误，也可能导致材料计划、物料需求的错误、产品成本核算不准确、装运延迟等问题。

2）RPA 技术实现内容

使用 RPA 可以自动登录 ERP 系统导出订单原物料采购信息，自动化创建和更新 BOM。RPA 机器人能够完全复制人类员工在生成 BOM 中所执行的步骤，利用屏幕抓取技术，更快地创建和跟踪变更，帮助企业避免代价高昂的人为错误，实现 BOM 流程的自动化，如图 8-5 所示。

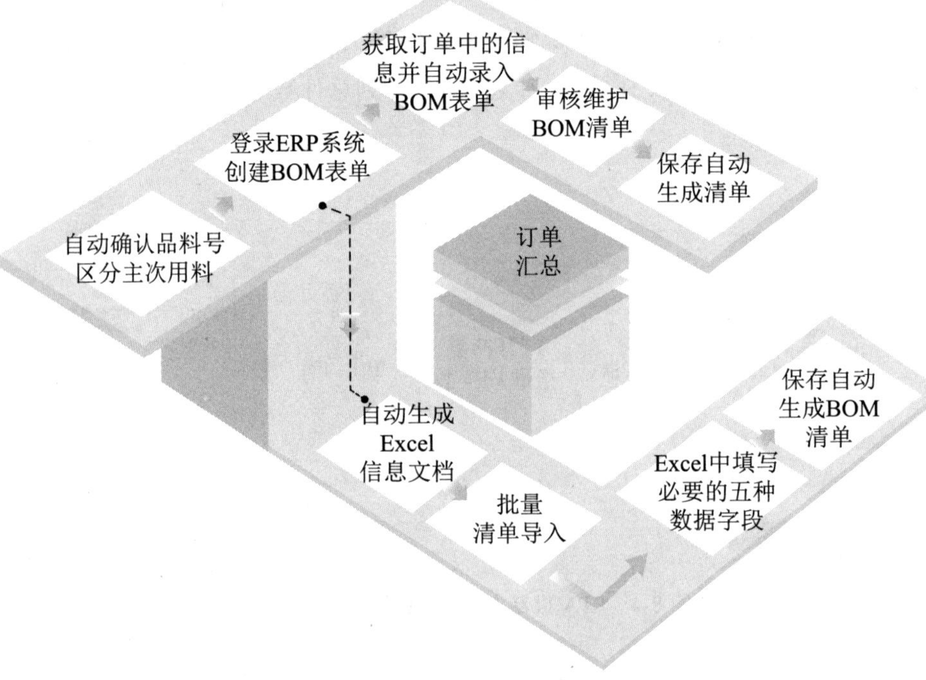

图 8-5　RPA 机器人 BOM 物料清单录入流程

3）预期效果

RPA 机器人结合 NLP、OCR 等 AI 技术，能精确地识别物料清单中的关键信息，尽可能减少物料清单生成过程中的错误；同时自动将不同的关键信息发送到相关的业务部门，使得业务部门能够快速高效地处理物料清单中的关键信息，并且能够对历史数据进行归纳整理，以方便后续业务系统的使用。

2. 报关录入

1）业务背景

对于制造企业而言，需要记录和管理大量的一线生产数据，特别是一些大型制造商，通常会在不同地区拥有多家工厂，数据记录和分析的任务量巨大。在海关系统报关、报税等操作中，传统的填报方式是人工对这些信息逐个进行查找，特别耗时耗力，而且容易出现错填、漏填等情况，增加了企业在报关过程中的成本。对于大部分报关业务而言，企业都期望能够在系统、文档、电子文件等数据操作层面上完成关键信息的自动识别、自动提取和自动填报，通过完整的自动化操作，节省人力，减少出错概率。

2）RPA 技术实现内容

RPA 报关管理机器人首先从申领进口许可证、合同、租船订舱文件、保险文件等材料中通过 OCR、NLP 等技术识别提取相关关键信息，并填写进报关单中，统一交给审核人员进行审核。审核通过的文件可提交 RPA 机器人自动登录海关报关系统并进行报关委托操作。

3）预期效果

整个报关管理过程可以采用 AI+RPA 等技术相结合的方式进行业务操作。对于非结构化的文档，可以采用 OCR+NLP 等技术获取相应的信息；对于结构化的文档，则直接抽取其中的关键内容，然后将相应的内容填写到对应的业务系统当中。关键内容的自动填写，可以节省大量的人力和时间，尽可能地减少错填、漏填等情况的出现。

8.3.3 供应商管理

1. 供应商甄选

1）业务背景

在制造业中，企业战略供应商的新增和评估一般都有严格的甄选流程，具有标准化的评分卡，且评分卡需要收集内部和外部的大量数据；同时，供应商的选择流程一般包括准备报价请求、与供应商沟通、讨论、分析供应商文档、供应商评估、以及信用审查、供应商的最终确定等步骤，一般需要在多个业务系统中同步更新客户信息，以确保为客户提供有效的服务。

2）RPA 技术实现内容

RPA 供应商甄选机器人自动执行跨多个信息系统的操作，对供应商列表、清单要求、客户信息、服务状态、材料文档等进行自动化汇总处理，并出具供应商评估报告。采购协商阶段 RPA 机器人可以自动跟踪变更和最优惠价格的供应商，供应执行阶段 RPA 机器人可以跟踪合同进展情况，识别不同的定价和可能的折扣，以及服务协议相关的条款变更或处罚。

3）预期效果

RPA 机器人代替人工审查供应商的资质、合同履行等情况，既节省了人力投入，同时还提高了工作效率，使得企业的客户服务团队可以专注于维护客户关系。

2. 供应商财税发票处理

1）业务背景

供应商的发票是制造商不可回避的问题，而发票的处理是一项既耗时又麻烦的事情。每一张发票，都需要人工查验真伪，再报送相关人员审批。这一过程不仅会耗费大量的时间，而且会由于多次审查和更换，出现人为错误。当前情况下，财务人员每天需要将银行对账单和货物清单合并成一个报表，然后在金税系统中进行报税工作，最后完成凭证打印。整个过程需要利用多个不同的软件进行数据操作，过程重复又烦琐，容易出错和返工。供应商财税发票处理流程涉及的应用系统及软件具体包括网银、财务系统、Excel、打印系统等。

2）RPA 技术实现内容

RPA 供应商财税发票处理机器人可以与货运单支付系统等多个系统集成，为大型运营商实现从订单到现金的完整流程的自动化，解决流程中的定期跟进问题，以及需要与多个系统进行交互等难题。RPA 供应商财税发票处理机器人能够自动提取供应商数据，同时利用 OCR 技术扫描并提取发票信息，替代人工进行输入、剪切和粘贴等操作，实现发票信息的自动录入，如图 8-6 所示。

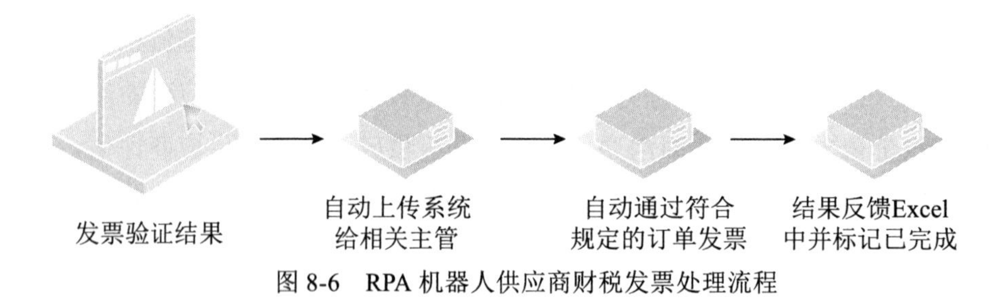

图 8-6　RPA 机器人供应商财税发票处理流程

3）预期效果

RPA 供应商财税发票处理机器人可实现对增值税纸质发票的全生命周期管理，通过 OCR、文本抽取等技术实现关键信息的处理，并且在后续实时监控、查阅各纳税主体的发票申请、领购、使用，以及记录每张发票的完整状态；应用到税务申报管理系统后，可自动对纳税申报、便捷申报、预警分析进行处理，从而在最大限度上减少违规业务的发生，降低税务风险。供应商财税发票处理流程的主体过程应用 RPA 机器人代替人工进行操作后，可提高工作效率，节省人力投入。

8.3.4　业务系统数据互通

1. ERP、制造执行系统（manufacturing execution systems，MES）整合

1）业务背景

当前数字化转型下，制造工厂会根据不同的业务需求部署多项 ERP 子系统，包括财务管理、生产控制管理、物流管理、采购管理、分销管理、库存控制、人力资源管理等多个子系统。员工每天都需要从不同的系统中统计各类数据并汇总到 5 大类报表中，过程中有大量的选择、下载、复制、粘贴等重复性工作，每份报表平均耗时约 30 分钟。员工在处理上述工作的过程中，经常需要从一个系统跳转到另一个系统，灵活性和透明度都不足。一方面，员工每天进行统计工作的频率高、工作量大；另一方面，人工更新统计表经常会出现遗忘的问题，不能很好地检测数据的一致性。

2）RPA 技术实现内容

RPA 可以很好地整合 ERP、MES 等系统，自动生成产能、库存、应付账款和应收账款、定价等运营报告，并通过电子邮件自动发送给相关人员；同时 RPA 还可以推动 MES 等运营管理平台与其他管理系统之间的交互，有效提升运营的灵活性和透明度。

3）预期效果

RPA 机器人代替人工实现运营报表的自动生成，可提高工作效率，节省人力投入。

2. 多业务系统对接

1）业务背景

对于制造业一线作业人员而言，很多任务都需要批量处理，即单次任务会涉及从不同的数据源和不同的业务系统中收集信息。这些批处理任务如果靠人工来一步步执行，非常容易出错，可能还会漏掉一些步骤，最终导致出现系统问题。同时人工执行很难准确记录任务的执行情况，导致出现问题后无法倒查，可以避免后续再次发生相同、相似的问题。

2）RPA 技术实现内容

RPA 可以提供一种有据可查的自动化作业，可进行自动化备份和恢复，有助于一线业务人员节省时间并减少因重复任务而造成的错误。一旦将工作流与自动化集成在

一起，就可以自动、准确地执行备份和恢复工作。RPA系统还可以根据技术的变化轻松地进行调整，从而确保业务的连续性。

3）预期效果

RPA机器人替代人工执行批处理任务，可以准确记录执行的过程和结果，所有执行步骤均可倒查，从而在解决业务系统联动问题的基础上实现自动执行、自动归档、自动备份的功能，使得全过程可查看、可溯源。

第 9 章

RPA 平台及典型实施案例

9.1 某机场银企RPA机器人

9.1.1 场景描述

某机场公司与客户之间存在大量的资金往来，需要按月进行银企资金稽核。公司现有的信息化建设已经实现使用Oracle财务系统存储总账明细，使用资金管理系统管理公司与各银行之间的交易流水，使用财务共享平台存储支出明细，因公司银企资金稽核业务量较大，每月都需安排专人花两周左右的时间完成与银行流水回单的对账工作，具体的稽核流程步骤如下。

（1）按月在银行柜台或者银行在线系统打印银行对账单、回单。

（2）从公司Oracle财务系统手工导出银行科目明细表。

（3）根据不同银行科目进行人工核对并出具银行余额调节表。

9.1.2 业务痛点分析

（1）公司业务涉及多个银行，因此需要管理多个银行的账户，且每月都需要频繁使用账户登录系统获取银行对账单、回单。

（2）对应公司的业务需求，对账规则多且工作量大，现有的纯人工稽核无法实现实时，且容易出现差错。

（3）公司使用多个系统存储账务信息，存在多次对账的情况。

9.1.3 解决方案

1. 业务规则与组件设计

本次对账业务数据跨多个系统，根据实际需求，对RPA机器人组件的设计如表9-1所示，业务执行流程如图9-1所示。

（1）按照Oracle财务系统中各银行账户明细账清单中的单据号，自动匹配财务共享平台支付信息表中的供应商名称和账号，对能匹配的 Oracle 财务系统中各银行账户明细账清单数据记为“已匹配账目”。

（2）对“已匹配账目”，按照表 9-1 中所述规则进行自动对账。

表 9-1　自动对账规则

序号	对账规则	RPA 组件
1	描述相同且借、贷金额一样	1.收入账对账 2.明细账自对账 3.利息对账 4.一般对账
2	描述相同且借或贷金额互为相反数	
3	资金管理系统流水借/贷金额、单据号与“已匹配账目”的供应商、账号相通且金额一致	
4	利息账处理：资金管理系统流水所有“结息转入”金额和“已匹配账目”中所有“利息”金额相等	
5	支出账处理：根据资金管理系统流水本方账号、借/贷金额、对方账号匹配“已匹配账目”，交易流水且金额一致	
6	收入账处理：根据资金管理系统本方账号，借/贷金额，对方账号匹配“已匹配账目”，描述相同且金额一致	
7	提示用户对上述对账规则无法覆盖的剩余流水和账单进行人工稽核	余额调节表生成
8	人工稽核后，RPA机器人自动确认结果勾销并标记	余额调节表对比
9	完成上述全部动作后，机器人自动出具并保存正式银行余额调节表，并作为下次稽核的基础	余额调节表自对比

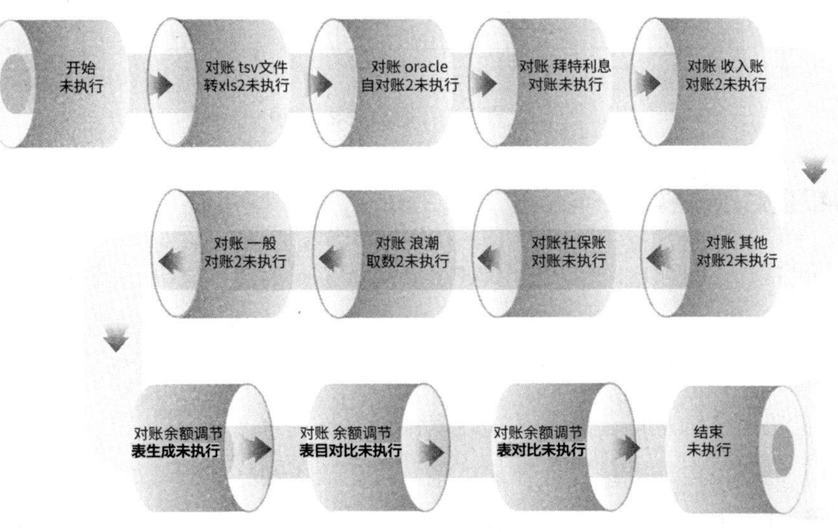

图 9-1　银企 RPA 机器人对账执行流程

为保障RPA机器人对业务处理的全覆盖与流程完整性，对RPA机器人在不能正常运行或处理业务时应该采取相应的处理方式。根据银企对账的业务场景特点，预先定义好如下的异常处理规则。

（1）登录异常：在财务人员提供的密码错误或过失导致机器人登录系统失败、页面崩溃等异常情况时，RPA机器人返回异常处理结果。

（2）目标系统环境异常：在网银系统维护中，有预想之外的程序启动或信息框弹出阻碍机器人执行任务时，RPA机器人返回异常结果。

（3）机器人工作环境异常：当有断网、断电、自然灾害等情况发生时，RPA机器人保存已处理数据并返回异常结果。

2. AI场景分析与处理

使用表格文字识别技术，对银行对账单、资产负债表、损益表等财税场景常用表格内容进行提取和识别，快速实现表格内容的电子化，用于财税信息统计、存档及核算，大幅度提升信息录入效率，节省企业人力成本，如图9-2所示。

销售部交付报价量

序号	项目号	名称	面积（M^2）	报价用钢量（吨）	计划日期	实际日期	实际工时	备注
1	QS20126	宁夏柔性机加工车间	5506	211.0	8.1-8.2	8.1-8.2	32	
2	QS20106	艾利昆山(第1次修改)	9834	579.1	8.4-8.8	8.4-8.8	24	
3	QS20106	艾利昆山(第2次修改)	9326	463.6	8.10-8.16	8.10-8.16	40	
4	QS20106	艾利昆山(第3次修改)	9326	483.6	8.22-8.23	8.22-8.23	16	
5	QS20122	Nokia(第1次修改)	40000	4550.0	8.12-8.13	8.12-8.13	56	
6	QG20019	青岛啤酒厂（珠海）	2883	165.0	8.26-8.29	8.26-8.29	50	
7	QS20139	大连项目	17000	750.0	8.11-8.15	8.12-8.17	24	
8		申沃客车	11845	428.3	8.29-8.30	8.29-8.30	24	
9	QS20057	吴泾冷库	1860	51.0	8.7	8.7	16	
10	JS20016	激光产业				8.2-8.4	17	
11	JS20010	联华超市					8	现场服务
12	JS20023	惠亚电子					24	销售支持
13	QS20106	艾利昆山					16	销售支持
14	QS20122	Nokia					8	销售支持
15	JS20019	松江高新					24	销售支持

处理结果 Request Response

序号	项目号	名称	面积(M2)	报价用钢量(吨)	计划日期	实际日期
1	OS20126	宁夏柔性机加工车间	5506	211.0	8.1-8.2	8.1-8.2
2	QS20106	艾利昆山(第1次修改)	9834	579.1	8.4-8.8	8.4-8.8
3	OS20106	艾利昆山(第2次修改)	9326	463.6	8.10-8.16	8.10-8.16
4	QS20106	艾利昆山(第3次修改)	9326	483.6	8.22-8.23	8.22-8.23
6	QS20122	Nokia(第1次修改)	40000	4550.0	8.12-8.13	8.12-8.13

图9-2 通用表格识别

3. 银企对账机器人工作过程

基于目前人工操作步骤，采用RPA自动从公司的资金管理系统导出银企回单流水信息，从财务共享平台导出支出明细账信息，从Oracle财务系统导出各账户账单明细，最后根据设定的规则，自动出具银行余额调节表，详细步骤为以下几点。

1）机器人自动从资金管理系统导出银行交易流水

（1）机器人自动登录资金管理系统，自动录入账号密码，如图9-3所示。

（2）机器人自动打开系统菜单：结算管理→查询→银行账户流水查询。

（3）机器人录入本方账号、交易时间段等查询条件。

图 9-3　机器人自动登录资金管理系统

（4）机器人导出各银行账户交易流水，如图 9-4 所示。

图 9-4　导出各银行账户交易流水

2）机器人自动从财务共享平台导出各账户的支付信息表

（1）机器人自动登录财务共享平台，如图 9-5 所示。

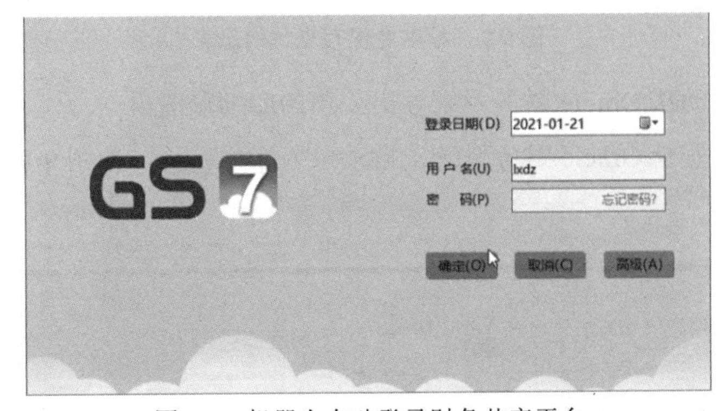

图 9-5　机器人自动登录财务共享平台

（2）机器人自动打开系统菜单：财务共享→业务操作平台→收付信息查询报表，如图 9-6 所示。

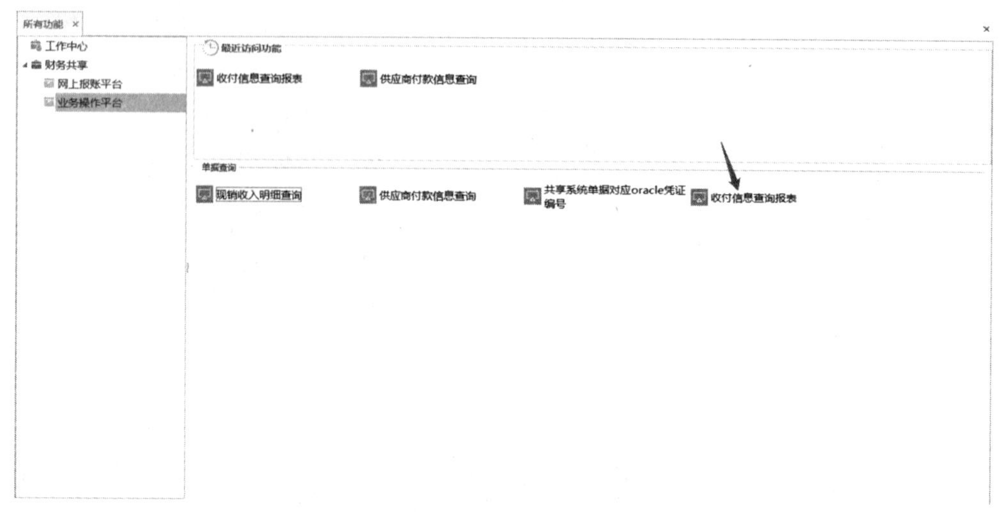

图 9-6　导出财务共享平台账户支付信息表

（3）机器人录入查询交易时间段、单位等条件。

（4）机器人导出支付信息表并保存，如图 9-7 所示。

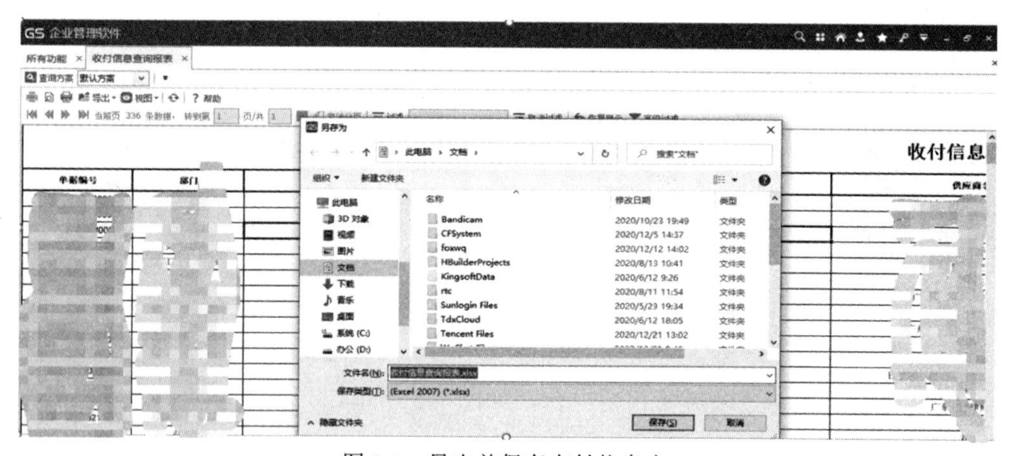

图 9-7　导出并保存支付信息表

3）机器人自动从 Oracle 财务系统导出公司的明细账清单

（1）机器人登录 Oracle 财务系统，自动录入账号密码，如图 9-8 所示。

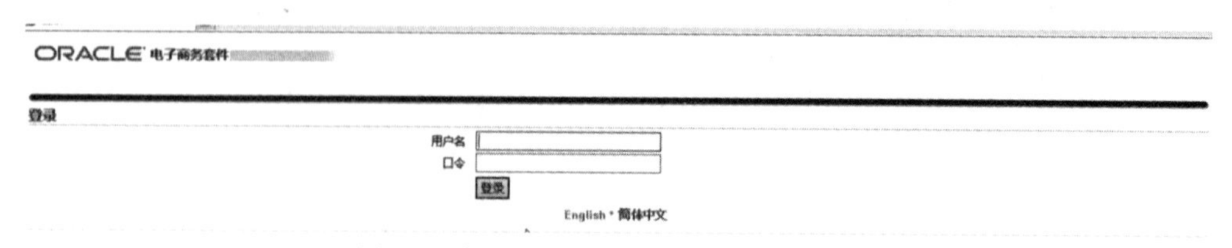

图 9-8　机器人自动登录 Oracle 财务系统

（2）机器人自动打开系统菜单：会计科目，如图 9-9 所示。

图 9-9　导出及匹配财务共享平台支付信息表

（3）机器人自动录入公司、责任中心、科目、子目类型等查询条件。

（4）机器人导出并保存 Oracle 财务系统中各银行账户的明细账清单，如图 9-10 所示。

图 9-10　导出并保存 Oracle 财务系统中各银行账户的明细账清单

4）机器人自动执行对账并出具保存正式银行余额调节表。

9.1.4　实施效果

该公司共有 20 个银行账户，每个账户的月平均交易流水有 500 条左右，即月平均约有 1 万条凭证须要稽核。实施 RPA 之前，1 个人稽核 1 个账户约需要 1 个工作日，每个月核对公司的全部交易流水约需要20人日。实施RPA之后，机器人稽核1个账户大约只需要3分钟，可在1个小时之内完成公司每个月全部交易流水的稽核工作。实践证明，银企对账RPA智能机器人的工作效率是原来人工效率的100倍以上，且准确率为100%，如图9-11所示。

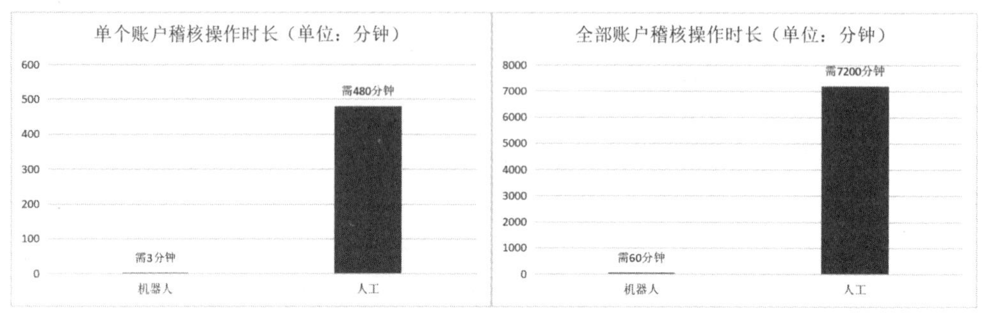

图9-11　RPA实施前后效果对比

（a）单个账户稽核用时对比（单位：分钟）　　（b）全部账户稽核用时对比（单位：小时）

9.2　某证券公司新增营业部RPA机器人

9.2.1　场景描述

某证券公司根据经营情况和市场变化，需要新增营业部或进行营业部更名。当发生此类变更时，需要对一批企业IT系统进行维护升级，把新营业部的信息进行初始化，更新更名后的营业部信息。上述变更操作主要由运维人员手工完成，不仅需要大量的人力投入，而且难以保证操作的准确性。

9.2.2　业务痛点分析

（1）信息更新或初始化共涉及12个不同的系统，参与的人员达到15人之多，工作量巨大。

（2）涉及的操作类型多：有的需要在数据库中操作，有的在客户端界面设置，有的在配置文件中操作。

（3）容易产生错漏：由于涉及人员多、步骤多，因此容易出现错漏，无法保障不出问题。

（4）无法全局掌控：多人员、多角色参与，涉及多套系统和业务，很难有一个人能统管全局。

9.2.3　解决方案

1. 业务规则与组件设计

当发生经营情况和市场变化，需要新增营业部或进行营业部更名时，业务老师需要将变更的信息在约定好的文件模板中进行维护，维护完成后，执行 RPA 机器人相关的流程任务。

流程关联组件设计环节，需要形成对应的 12 套组件，分别包括数据库操作、客户端界面操作、配置文件操作，操作过程中关键节点保留日志以及截图，并将可通用的操作，形成通用组件，以提供给别的组件进行调用。

2. AI 场景分析与处理

在移动互联网大潮之下，越来越多的券商首推网上开户，但对于投资者而言，想在证券公司顺利完成开户，也不是一件很容易的事。通过引入各类人脸、语音、语义、图像、视频识别技术，轻松进行人脸比对、证件有效性校验、单 / 双向语音视频识别中登结果查询等烦琐的审核操作，自动对客户档案，业务材料，鉴权材料的真实性、完整性等进行各种质检，实现开户和集中运营等其他远程鉴权业务的 7×24 小时自动审核，如图 9-12 所示。

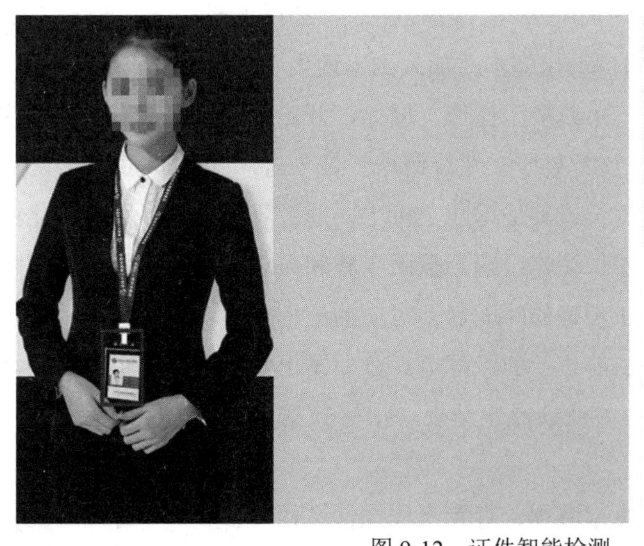

处理结果　Request　Response

图片大小：(310X604)

证件1：(X0=104,Y0=370),(X1=152,Y1=457)

证件数：1

图 9-12　证件智能检测

3. 机器人工作过程

由于本次项目涉及12套业务系统，需要在企业复杂的网络环境中进行部署，因此需要考虑12套系统的分布，如果跨越多个网段且网段进行隔离，需要在不同的网段中部署客户端或中转扩展服务器进行跨网段管理。通过主服务器分配任务给扩展服务器对相应网段的受控服务器上的客户端进行控制，执行原理如图9-13所示。

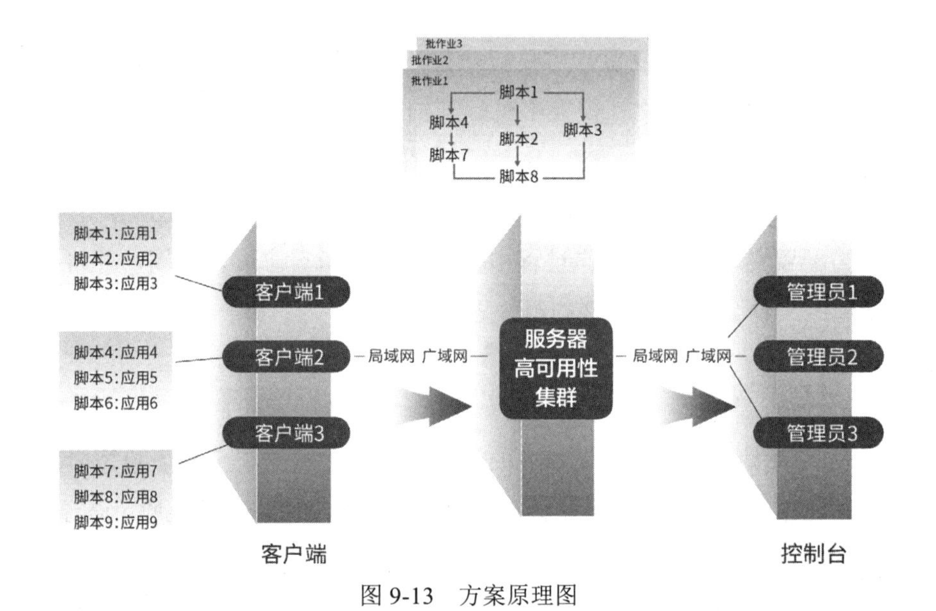

图9-13 方案原理图

（1）通过在服务器上部署自动化客户端，并配置自动化运维系统主程序所在服务器地址及端口，客户端自动连接到主程序。

（2）当客户端在启动时，动态从主自动化服务器或高可用性集群（highly available，HA）获取集中管理的自动化脚本并加载到本地内存。

（3）自动化脚本中实现了一个或多个操作，例如，开启关闭主机，启动一个应用程序，单击应用程序上的按钮，判断数据文件日期是否是今日，等等。

（4）在自动化运维系统管理员或其他用户主机中，通过系统前端界面图形化的流程设计器，把多个自动化脚本的操作动作组织为按照步骤和条件连续执行的操作流程。

（5）根据调度引擎指令，在正确的时间启动对应的流程。

（6）当流程执行时，根据当前执行的流程节点，即发出指令使对应主机上的客户端根据脚本内容进行执行操作，并反馈操作结果（指标数据、参数、结果截图），操作执行的过程中自动进行记录。

（7）相关人员编写脚本、执行流程、查看流程执行过程等各类操作都是通过自动化运维管理前端“控制台”进行的，客户端程序连接到自动化运维服务器获取数据发送各类执行命令。

通过一个整体的流程，串联 12 套在新增营业部或进行营业部更名时需要操作的系统，首先进行集中交易系统柜台的设置，设置完柜台系统后，其他系统的操作活动可以并发执行。项目流程如图 9-14 所示。

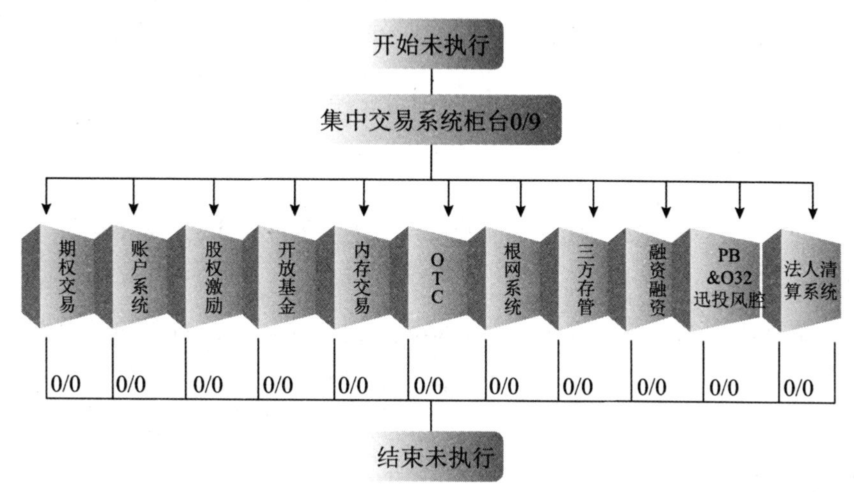

图 9-14　项目流程图

注：OTC（over the counter）意为“场外交易”，即场外交易管理系统。PB（prime brokerage），即主经纪商业务，也称为主券商业务或大宗经纪业务。O32(资产管理平台)是恒生电子提供的针对资管类产品的交易平台，主要解决券商、基金公司、私募、银行理财、保险理财在相关领域的业务处理需求。

9.2.4　实施效果

本案例所涉及的证券公司新增营业部业务共涉及 12 套 IT 系统，在未使用 RPA 机器人时，需要 15 人参与各系统的修改与调试，持续时长约 1 天。使用 RPA 机器人后，3 分钟内可完成所有系统的更新，公司仅需要投入 2 名技术人员进行校核，持续时间不超过 30 分钟。

9.3　某寿险公司保费收入账户对账 RPA 机器人

9.3.1　场景描述

某保险公司每天所收取的保费金额较大，资金流动也较为频繁，在这种情况下，对各子公司资金进行有效管控，只有通过实施财务集中管理才能得以实现。但面对数十家不同的银行账户，数据来源类型和接口过多，若一一实现对接则需要消耗极大的成本，并且由于存在较多非直连账户，难以实现所有保费收入账户的集中对账。另外，依赖人工登录各网银系统进行查询操作，其过程极烦琐和低效，若对账有差异，还需耗费较大的调账成本。

9.3.2 业务痛点分析

（1）公司资金流动频繁，且业务涉及多个银行，所有的账目需在当天完成比对，每日的对账压力巨大。

（2）非直连账户的存在，加大了对账难度，进一步影响了对账的时效性。

（3）现有的纯人工对账方式不仅无法满足时效性要求，而且容易出现差错。

9.3.3 解决方案

1. 业务规则与组件设计

1）业务规则

在实施前，需事先约定好各银行账号的存放方式，建议形成配置文件，放置到固定目录进行维护；RPA机器人每天登录到各网银系统、资金管理系统，根据约定好的配置文件中各银行的相关账号，查找相关保费账户，将查找相关的收入数据自动与核心系统导出的账单信息进行比对，检查是否存在差异记录，并将对比结果发送给财务对账人员，财务对账人员根据差异结果进行复核。

2）组件设计

根据业务操作分类细粒化设计组件，首先组件分为“正向操作”与“反向对账”两类，其中“正向操作”类组件包括各网银系统、资金管理系统、核心系统的登录、采集、退出等操作，“反向对账”类组件包括各网银系统、资金管理系统、核心系统的查询导出、资金核对、核对结果推送等操作，其次所有组件都需实现保留关键操作记录日志及截图的功能。

2. AI 场景分析与处理

业务系统在登录和长时间录入后的信息确认等环节，会存在以图片、数学计算等呈现方式的验证码输入需求中。此时 RPA 机器人自动调用 OCR 验证码接口，在提交验证图片并返回后，把验证码信息输入对话框，实现自动处理验证码流程，如图 9-15 所示。

图 9-15　验证码 OCR 处理示意图

3. 机器人工作过程

无须改造保险现有核心系统，RPA 机器人可以模拟财务对账人员操作，每日自动识别验证码，登录各网银系统、资金管理系统，查找相关保费账户，将查找相关的收入数据自动与核心系统导出的账单信息进行比对，检查是否存在差异记录，并将比对结果发送给财务对账人员，财务对账人员根据差异结果进行复核。具体流程如图 9-16 所示。

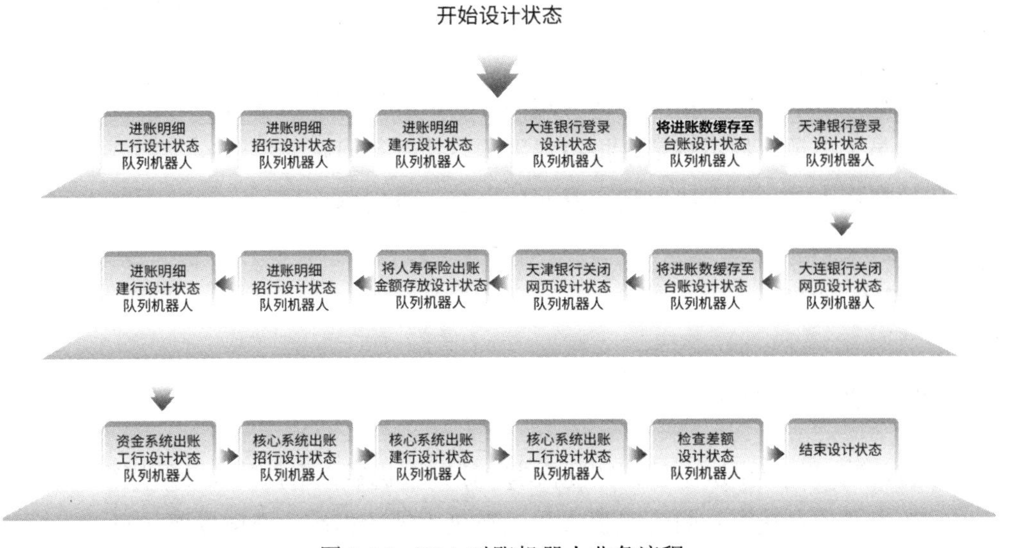

图 9-16　RPA 对账机器人业务流程

9.3.4 实施效果

（1）投产后每日自动完成保费账户对账，实现账户零遗漏，对账效率提升 2～3 倍。

（2）人机操作时间可压缩到人均 3 分钟，时间波动小。

（3）让员工从对账业务中释放出来，将时间用在更有价值的工作上。

9.4 某企业发票查验 RPA 机器人

9.4.1 场景描述

某企业的内部业务需求，财务人员需要对企业业务发票的真伪进行查询验证后，再进行正常的报税、归档等工作，以防止虚假发票以及不合规发票入账引起一系列的税务风险。但随着互联网应用的普及，企业的业务类型不断增多，收到发票的数量也随之增加，传统上税务网站一张一张进行查验的方式速度慢、效率低，且存在一定的人为误差，早已无法满足当下企业的需求。

9.4.2 业务痛点分析

企业业务量的增加，企业的财务人员不得不承担起应对多种票据、多项票据信息的录入等烦琐工作，同时财税政策的频繁更新，以及监管技术的持续升级，使企业正在面临一系列的管理难题。

（1）发票管理风险大，财务人员查询、审核票据的数据量大，工作繁重。

（2）员工报销流程不规范，报销费用难以控制等问题。

（3）票据人工录入出错率高，票面信息繁杂等问题。

9.4.3 解决方案

1. 业务规则与组件设计

发票查验涉及一个网站，根据实际需求，对 RPA 机器人组件的设计及执行规则如下。

（1）发票信息获取。RPA 机器人自动登录本地数据库，获取发票信息。

（2）发票验真。RPA 机器人自动打开浏览器，进入“国家税务总局全国增值税发票查验平台”，输入发票代码、发票号码、开票日期、开具金额及验证码后，点击“查验”查询发票真伪，如图 9-17 所示。

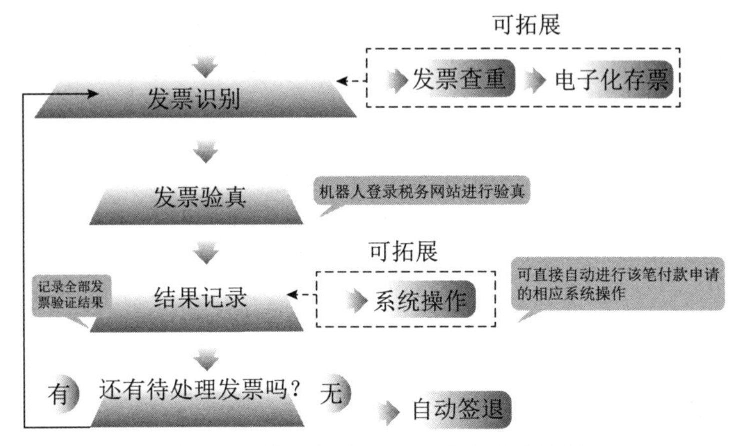

图 9-17　发票查验 RPA 机器人处理流程

为保障 RPA 机器人对业务处理的全覆盖与流程完整性，对 RPA 机器人在不能正常运行或处理业务时应该采取相应的处理方式。根据业务规则，预先定义好如下的异常处理规则。

（1）RPA 流程异常：当 RPA 流程异常情况时，RPA 机器人保留已经完成的结果，返回异常处理结果。

（2）目标系统环境异常：在目标系统维护中，有预想之外的程序启动或信息框弹出阻碍机器人执行任务时，RPA 机器人返回异常结果。

（3）机器人工作环境异常：当断网、断电、自然灾害等情况发生时，RPA 机器人保存已处理数据并返回异常结果。

2. AI 场景分析与处理

针对票据字体进行专项优化，可对火车票、增值税发票、出租车票等票据的单张识别和混贴识别，并按行返回结果，如图 9-18 所示。

3. 发票查验机器人工作过程

基于目前人工操作步骤，采用 RPA 自动从工行本地的数据库中读取发票信息，根据设定的规则，自动查验发票真伪，详细步骤为以下 3 点。

（1）机器人自动从本地数据库获取发票信息，如图 9-19 所示。

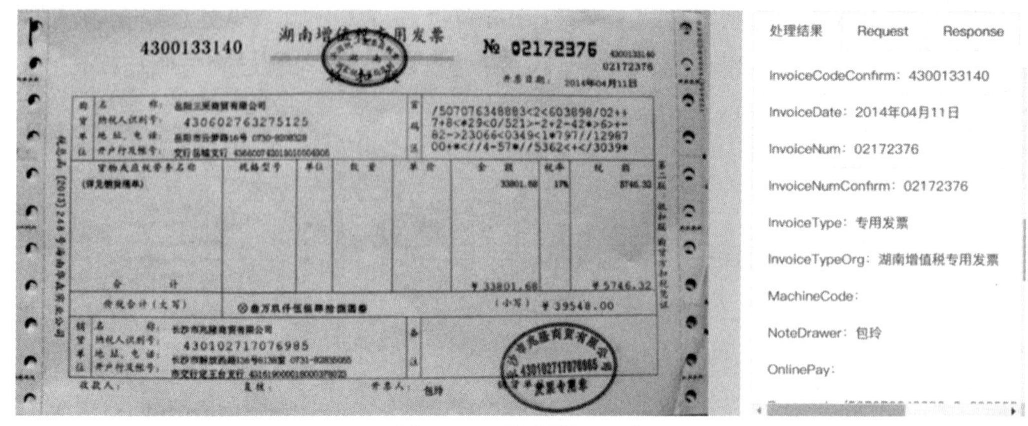

图 9-18　通用票据识别

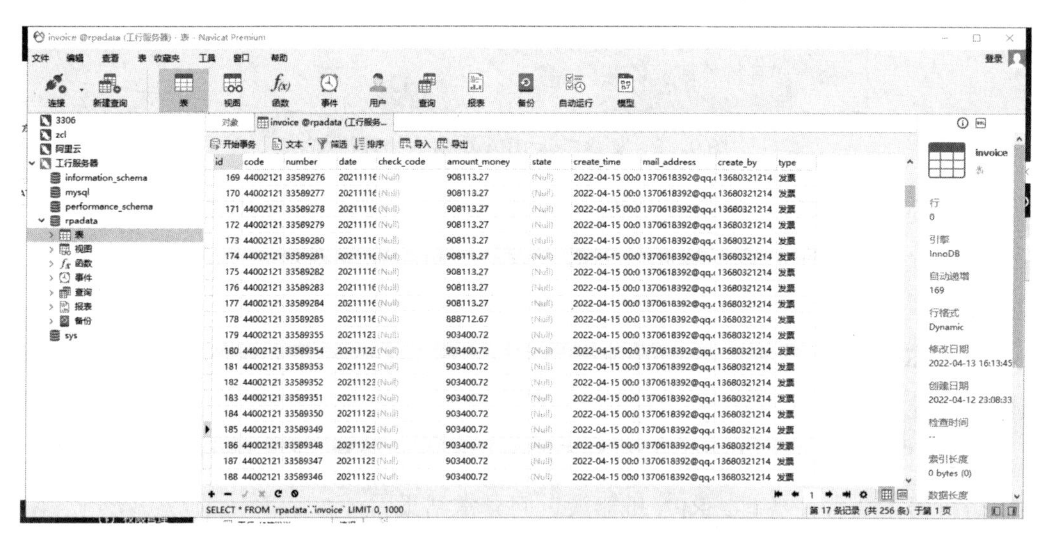

图 9-19　机器人自动获取发票信息

（2）机器人自动打开浏览器，录入发票代码、发票号码、开票日期、开票金额（不含税）、验证码，如图 9-20 所示。

（3）点击查验，保存发票查验信息，如图 9-21 所示。

9.4.4　实施效果

在本案例中，企业日均发票查验数量超过 200 项，每月的业务量超过 6000 项。在实施 RPA 之前，一个人稽核一次发票查验工作需要 3 分钟，每个月核对公司的全部发票需要 13.75 人日。实施 RPA 后，机器人稽核一次发票不超过 0.5 分钟，2 人日之内完成公司每个月全部发票的稽核工作。实践证明，发票查验 RPA 机器人的工作效率约是原来人工效率的 8 倍，且准确率为 100%，如图 9-22 所示。

国家税务总局全国增值税发票查验平台

首页 | 发票常识 | 常见问题 | 操作说明 | 相关下载

提示：您使用的是内核为 谷歌 100版本浏览器，建议使用内核为谷歌 55以上版本浏览器。同时，请参照操作说明安装根证书。

发票查验说明

查验结果说明

发票真伪识别方法

1、首次查验前请点此安装根证书。
2、当日开具发票当日可查验。
3、每份发票每天最多可查验5次。
4、可查验最近5年内增值税发票管理系统开具的发票。
5、纳税咨询服务，可拨打 12366 或点击 在线咨询。
6、如遇个别浏览器版本无法查验，建议更换浏览器。

扫描　导入

发票代码：　请输入发票代码

*发票号码：　请输入发票号码

*开票日期：YYYYMMDD　请输入开票日期

*开具金额(不含税)：　请输入开具金额

*验证码：请输入验证码

点击获取验证码　点击图片刷新

查验　重置

图 9-20　发票查验

id	create_time	create_by	enterprise_name	taxpayer_id	people_id_organization_ic	credit	tax_bureau	bre
131	(Null)	(Null)	珠海市海豪房地产开发有限公司	91440400092354294Y	9235425	成功	成功	成功
132	(Null)	13680312124	珠海市赛威电子科技有限公司	914404005745095516	57450955-1	成功	成功	成功

图 9-21　发票信息保存

上线前	上线后	价值提升
数名财务人员	1台机器人	释放13.75人日
每月耗时110小时	每月耗时8小时	业务效率提升超8倍

图 9-22　实施效果

 9.5 某市政府办件同步 RPA 机器人

9.5.1 场景描述

某市政府现阶段存在若干独立的业务系统，为广大市民提供各项服务，同时采取综治专网、卫计专网、机要专网、互联网等多网物理（或逻辑）安全隔离的方式保障数据信息的安全性。为响应省政府关于深化“互联网 + 政务服务”工作方案，市政府建成一网通办系统，集合全市政府部门各个业务系统的数据。在工作实际中，部分业务系统的数据不能通过接口或数据库查询来获取，只能通过解析相关网页的方式获取；同时各业务系统提交的申请，经一网通办数据中台系统查询审核后，再进入到相对应的业务系统进行业务办理，并将办理结果返回给申请者；最后为提高网上的办件量，需要将市民在各业务系统的办件资料信息录入到一体化政务服务平台，以便后续进行服务质量评价。主要业务环节包括以下 3 个方面。

（1）一网通办系统和各业务系统政务工单的同步。

（2）上级部门网站、省 / 市政府网站的收文。

（3）通过接口查询和页面解析等方式的政务数据采集。

9.5.2 业务痛点分析

（1）各业务局垂直管辖习惯及网络安全隔离要求形成了各局业务系统不连不通的现状，在建设一网通办系统过程中面临着极大的资源耗费、时间成本和协调困难，因此建设的风险极高，损耗极大，时间超长，项目效果容易打折扣。

（2）无论是申办文书及附件，还是单证、票据等，都需要人工转录到系统中，耗时费力，影响了整个流程的服务效率，还容易出现人为错误。

（3）由于部分局多个系统的功能有交叉覆盖，为响应系统建设方的管理要求，前台政务人员必须在多个系统中重复录入同一笔办件信息，耗时费力，增加了运营损耗。

9.5.3 解决方案

1. 业务规则与组件设计

RPA 机器人值守各系统，将办件内容及审批结果转录到其他系统中，在安全合规的前提下解决多端系统同步问题，如图 9-23 所示。

（1）RPA 机器人值守一网通办系统，将工单和附件自动写入到各厅局业务系统。

（2）各厅局业务系统值守 RPA 机器人，将市民申办的业务处理结果回传至一网通办系统。

图 9-23　传统手工流程与 RPA 流程的区别

（3）相互之间无法通过接口形式实现数据交换的 A、B 系统，通过数据交换平台 RPA 机器人首先抓取 A 系统的数据，传输到数据仓库，打通 A 到 B 系统的数据传输，其次当 B 系统回传数据到数据仓库后，RPA 机器人自动将其回写到 A 系统，从而实现 A、B 系统之间的数据交换，如图 9-24 所示。

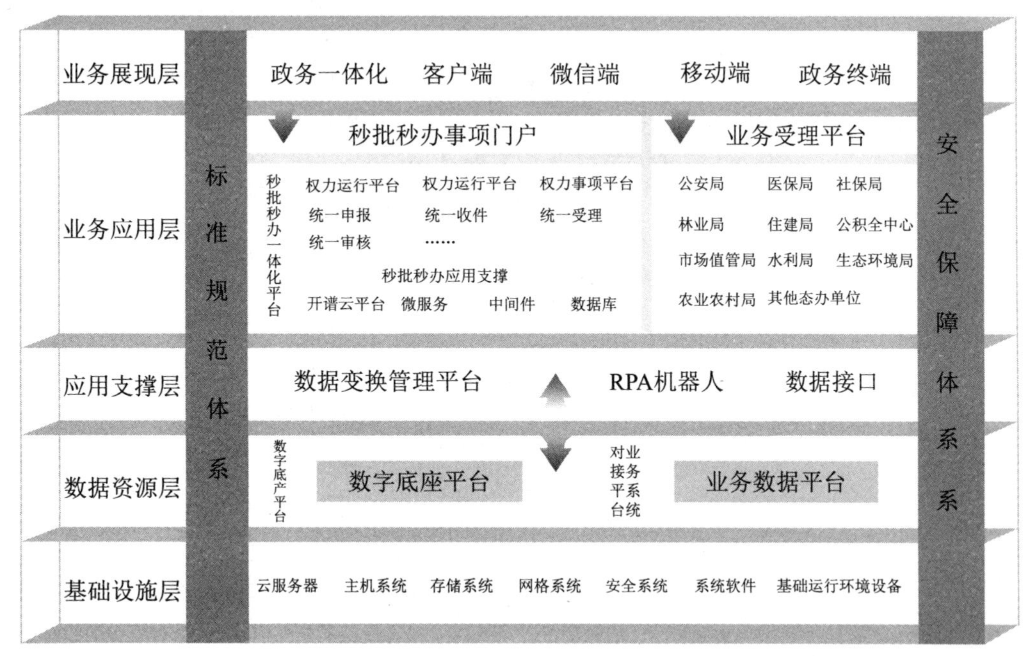

图 9-24　秒批秒办系统架构

为保障RPA机器人对业务处理的全覆盖与流程完整性，对RPA机器人在不能正常运行或处理业务时应该采取相应的处理方式。根据办件同步的业务场景特点，预先定义好如下的异常处理规则。

（1）登录异常：当无法登录或过失导致机器人登录系统失败、页面崩溃等异常情况时，RPA机器人返回异常处理结果。

（2）目标系统环境异常：在各业务系统维护中，存在预想之外的程序启动或信息框弹出阻碍机器人执行任务时，RPA机器人返回异常结果。

（3）机器人工作环境异常：当断网、断电、自然灾害等情况发生时，RPA机器人保存已处理数据并返回异常结果。

2. AI场景分析与处理

为响应国务院“互联网+”战略，地方政府将存储的大量企业档案发布到互联网，方便企业和群众查询。文档中存在大量的个人隐私信息，如姓名、身份证号码、手机号、照片、签章等，为了遵守《中华人民共和国个人信息保护法（草案）》要求，这些文件在发布时必须隐藏个人隐私信息，人工处理不仅工作量巨大，准确性也难以满足要求，通过采用目标检测和分类、OCR等算法，建立AI模型并训练后，可自动实施打码处理，实现影像文件脱敏，如图9-25所示。

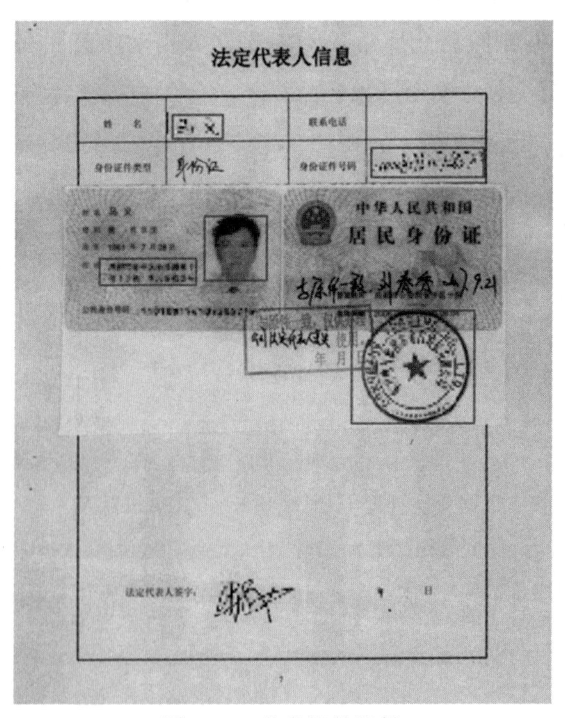

法定代表人信息

姓名		联系电话	
身份证件类型	身份证	身份证件号码	

中华人民共和国
居民身份证

法定代表人签字：

图9-25　信息智能脱敏

3. 办件同步机器人工作过程

办件同步是一网通办系统与各厅局业务系统之间日常最为频繁的业务，以卫生和健康委员会（简称卫健委）“公共场所卫生许可”事项为代表性案例，通过设置 RPA 机器人值守一网通办系统，将市民的申请工单和附件自动写入到卫健委的内部业务系统，同时设置 RPA 机器人值守卫健委内部业务系统，将市民的申请审批结果回传至一网通办系统，具体流程包括以下几个方面。

（1）市民通过 PC 或者 APP 按照“公共场所卫生许可”事项的要求提交对应的信息。

（2）RPA 机器人值守一网通办系统，将市民的申请工单和附件自动写入卫健委的内部业务系统。

①机器人自动登录并值守一网通办系统，如图 9-26 所示。

图 9-26　机器人值守一网通办系统

②机器人自动审阅申请者提交的相关基本信息和附件的完整性，如图 9-27 所示。

③若不符合要求直接返回审批结果；符合要求的则由 RPA 机器人登录卫健委的业务系统，并完成申请信息的二次录入，如图 9-28 所示。

（3）RPA 机器人值守卫健委内部业务系统，当有新的事项进入之后，按照业务的规则要求进行事项审核，并将审核结果回写至一网通办系统，并同步至一体化政务服务平台，供服务质量评价。

①机器人自动登录并值守卫健委内部业务系统，如图 9-29 所示。

‹ 返回 公共场所卫生许可（新证，含改、扩建-告知承诺制） 上一环节：

基本信息 表单信息 材料附件 流程信息 处理痕迹 补齐补正记录 特别程序记录 通知书记录

下载所有电子材料

序号	材料名称	材料要求	材料形式	材料份数	电子材料	
1	营业执照*	暂无	电子版			纸质材料已提交
2	居民身份证*	暂无	电子版			纸质材料已提交
3	公共场所地址方位示意图*	暂无	纸质	原件(1)		纸质材料已提交
4	公共场所平面图和卫生设施平面布局图*	查看要求	纸质	复印件(1)		纸质材料已提交
5	一年内的卫生检测报告（仅限于50个房间以上的住宿场所、游泳场所、安装集中空调通风系统的场所）	查看要求	纸质	原件(1)		纸质材料已提交
6	公共场所卫生管理制度*	查看要求	纸质	原件(1)		纸质材料已提交
7	集中空调通风系统卫生检测报告或评价报告	查看要求	纸质	原件(1)		纸质材料已提交
8	卫生设施平面布局图*	查看要求	纸质	原件(1)		纸质材料已提交
9	从业人员健康合格证明	查看要求	纸质	原件(1)		纸质材料已提交
10	公共场所卫生行政许可告知承诺书*	暂无	纸质	原件(1)		纸质材料已提交
11	从业人员的名单	查看要求	纸质	原件(1)		纸质材料已提交

图 9-27 RPA 机器人审阅申请信息

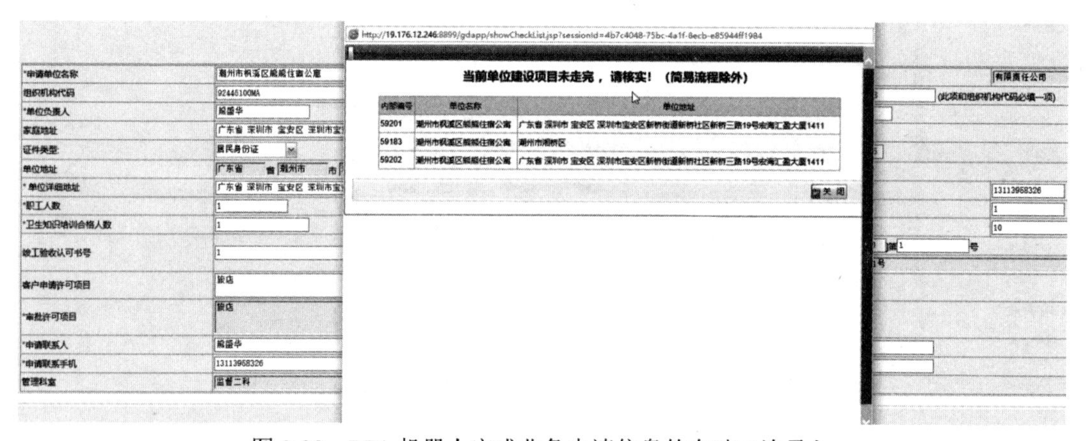

图 9-28 RPA 机器人完成业务申请信息的自动二次录入

图 9-29 RPA 机器人自动审核申请信息

② RPA 机器人将审核结果回写至一网通办系统，并填写处理意见，上传审核结果附件，如图 9-30 所示。

图 9-30　RPA 机器人将业务审核结果回写至一网通办系统

9.5.4　实施效果

本案例的市辖下的 15 个委办局，每月的业务工单数超过 30 万项。实施 RPA 之前，人工录入一条工单信息平均约需要 10 ～ 15 分钟，耗时费力，效率低下，且容易出错。实施 RPA 后，机器人录入一条工单信息平均仅需要 1 ～ 2 分钟，极大地提高了业务处理的速度和准确率，如图 9-31 所示。

图 9-31　RPA 机器人办件同步实施效果

 9.6　某钢铁集团销售发货单 RPA 机器人

9.6.1　场景描述

某钢铁集团客户在销售系统下完订单后，集团 ERP 系统会生成相应销售单据。钢铁集团销售发货单 RPA 机器人上线前，集团下属 4 个子公司需配备专门人员值守 ERP 系统下载相应销售单据，通过微信群、QQ 群、邮件形式发送给仓库人员、客户，工作日高峰时段，需安排 4 名人员全程值守，其余时间段也需工作人员频繁查询系统进行单据分发。该流程工作规则明确但机械性重复、费时费力，加上存在大量的客户群且各有各的销售单据下发方式，极易出现人为差错，而且高峰时段客户需求难以得到快速响应，影响了该业务客户的满意度。

9.6.2　业务痛点分析

（1）客户下单业务的沟通：公司客户下单并经公司业务部门处理后，大量销售单据需要通过微信群、QQ 群、邮件形式实时发送并通知客户。

（2）跨系统的单据处理：由于客户数量大、单据多，公司每日需安排 2 名以上的员工值守处理业务单据，单据处理过程中需跨多个内部业务系统，经常出现因人工差错而需要反复的沟通处理，耗时耗力。

（3）单据处理过程的回溯审核 ：单据的处理过程没有留痕，不利于后续公司内部审查。

9.6.3　解决方案

1. 业务规则与组件设计

本销售发货需要对应不同的仓库，每个仓库可选择自己的发货信息接收方式，需要在集团的销售业务系统、微信、QQ、电子邮件等软件之间传递信息，根据实际需求，对应 RPA 机器人组件的设计及执行规则，如图 9-32 所示。

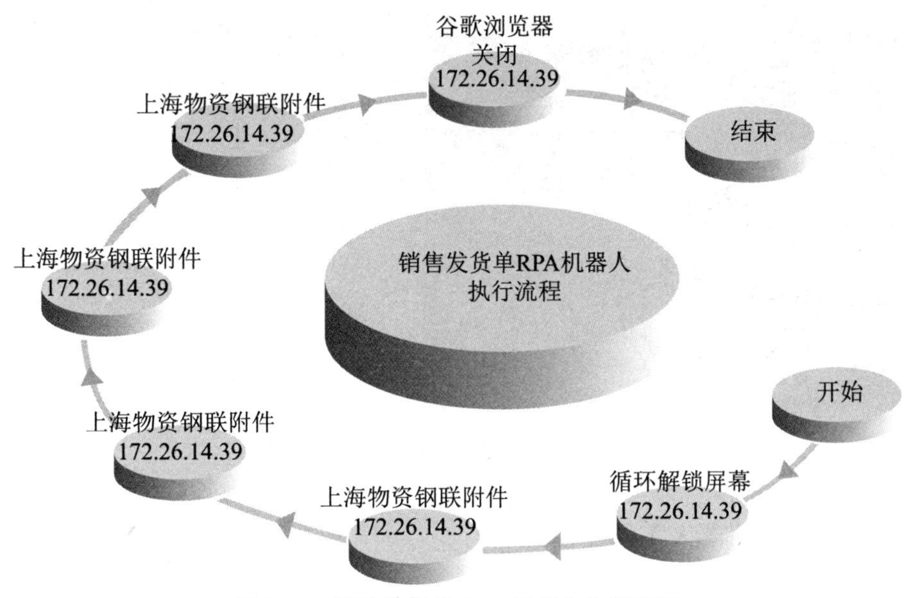

图 9-32　销售发货单 RPA 机器人执行流程

（1）本业务流程中存在大量通过微信群、QQ 群、电子邮件向相应仓库传递信息的需求，为便于统一管理，预先配置“仓库映射表”，建立每个仓库接收信息及文件的方式。

（2）本业务中存在大量流程处理信息需要通知用户，使用企业微信进行信息分发。

（3）建立 RPA 机器人销售发送单自动执行流程，设计聊天工具在线状态检查、附件下载、附件转发等 RPA 业务组件。

为保障 RPA 机器人对业务处理的稳定性与流程完整性，对 RPA 机器人在业务操作过程中的异常情况，预先定义好如下的异常处理规则。

（1）登录异常：业务人员提供的密码错误或过失导致机器人登录系统失败、页面崩溃等异常情况时，RPA 机器人返回异常处理结果，并通过企业微信报错。

（2）流程处理异常：RPA 机器人保存已处理数据并返回异常结果，通过企业微信报错。

（3）机器人工作环境异常：当断网、断电、自然灾害等情况发生时，RPA 机器人保存已处理数据并返回异常结果。

2. AI 场景分析与处理

在与客户的业务往来中，需要对提供的法律文件扫描件如合同、协议、标书等，检测是否已正确签署盖章，用于各种智能审核场景，如图 9-33 所示。

图 9-33　印章检测

3. 销售发货单机器人工作过程

基于目前人工操作步骤，采用 RPA 机器人自动从公司的销售业务系统查询未发货的销售单及其相关附件，并根据“仓库映射表”中的信息发送方式配置，自动向相应的仓库发送信息和文件，最后在销售业务系统中记录每条记录的处理结果，详细步骤为以下几点。

（1）机器人值守集团销售业务系统，自动查询未发货的销售单，并按设置的发送方式向仓库下发通知。

①机器人自动登录集团销售业务系统，自动录入账号密码，如图 9-34 所示。

图 9-34　机器人自动登录集团销售业务系统

②查询已通过审核但未发货的销售单，如图 9-35 所示。

③下载销售单附件。遍历查询结果，逐一双击每条记录的【销售发货单号】，在销售单详情页单击【附件管理】按钮，选择最新【创建时间】且文件名称与记录的【销售发货单号】完全一致的文件并下载保存，以供后续告知仓库，如图 9-36、图 9-37 所示。

基本信息 商品明细 提单信息 承兑信息 到单进程

打印 生成进口货值及运保费发票 勾稽审批 撤单 修改发票未到提醒日期 相关发票明细 合同备案仓库

基本信息

到货单号	CAR-BWL20100001	进口发票号	22375426	公司	建发物流集团有限公司	经营单位	物流公司
部门	恒天然	人员	恒天然	核算组	恒天然	供应商	FONTERRA INGREDIEN
国别地区	新西兰	到货通知日期	2020-10-30	物流服务商	KS00291908	库存方式	系统分步进出仓
备案仓库	上海万申冷链物流有限公	预计起运日期		预计到港日期		是否跨关区	是
报关口岸		是否纯代理		合作方		发票未到提醒日期	
报关行	KS00033296	原单据号		调整		交易分类	外部交易
合同号列表	CSH200704	提单号列表		柜号列表		物流公司二级供应商	KS00291908
物流公司二级报关行		虚拟实体类型	实体仓	抵港港区		报关行换单日	
报关行换单日		海关申报日		海关查验日		关联发货单号	
汇总征税		是否用章	否				

金额信息

原币币种	USD	原币金额	4,740,072.77
本位币种	CNY	本位币金额	33,607,115.94
本位币汇率	7.09		
折人民币金额	33,607,115.94	折美元金额	4,740,072.77

系统信息

创建人	机器人-恒天然	创建时间	2020-10-30 10:30:17	修改人	机器人-恒天然	修改时间	2020-10-30 10:30:18
单据版本号	1	本版本生效时间		原始版本生效时间		状态	准备

图 9-35　机器人自动查询未发货的销售单

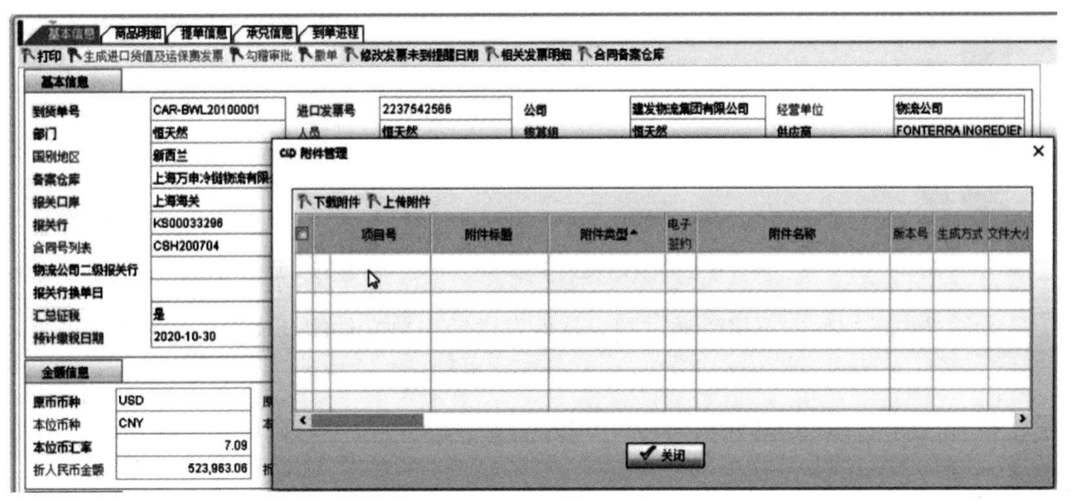

图 9-36　销售单详情页

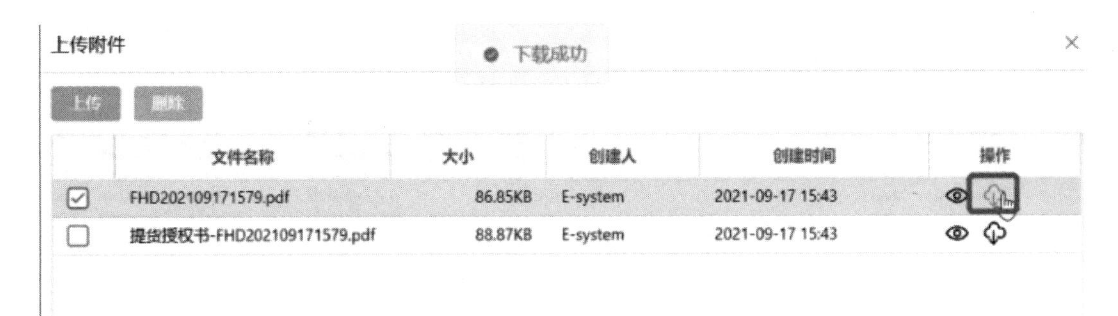

图 9-37　机器人自动下载销售单附件

④自动匹配“仓库映射表”，获取向仓库发送销售单的方式。根据查询结果中每条记录的【仓库】字段信息，自动精确匹配“仓库映射表”的【仓库】字段，获取“仓库映射表”中已配置的信息、文件的发送方式。

（2）选择微信群、QQ 群和电子邮件方式，自动发送销售发货信息。

①自动登录微信，在微信搜索框中输入仓库对应的微信群名称，发送发货文字信息，并选择性发送销售单附件，如图 9-38 所示。

②自动登录 QQ，在 QQ 搜索框中输入仓库对应的 QQ 群名称，发送发货文字信息，并选择性发送销售单附件，如图 9-39 所示。

图 9-38　通过微信群发送发货信息　　　　图 9-39　通过 QQ 群发送发货信息

③通过电子邮件向不接受通过聊天软件发送销售单文件的仓库发送相关文件。

（3）机器人自动在销售业务系统中回填处理结果。

机器人向仓库发送文件及信息后，按照已处理的发货单号自动勾选相关记录，并确认已发单，如图 9-40 所示。

查询条件

国内销售发货单列表

共 307 条，合计：发货数量 22,682.193 吨，发货件数 6729 件，发货金额 116,728,696.60 元

销售发货单号	状态	发单状态	发货数量	发货件数	发货金额	仓库	客户	公司	核算组	部门
FHD202109181818	已审核	未发送	2.36	1	15,842.18	物产中大物流（宝丰1号...	青岛正元钢铁有限公司	建发（成都）有限公司	XN四川业务部	XN四
FHD202109171812	已审核	未发送	3.507	1	23,541.75	物产中大物流（宝丰1号...	青岛正元钢铁有限公司	建发（成都）有限公司	XN四川业务部	XN四
FHD202109151807	已审核	已发送	9.871	5	67,024.09	零库存仓库	青岛正元钢铁有限公司	建发（成都）有限公司	D3两湖业务部	D3两
FHD202109141802	已审核	已发送	6.896	2	46,291.39	物产中大物流（宝丰1号...	青岛正元钢铁有限公司	建发（成都）有限公司	XN四川业务部	XN四
FHD202109131797	已审核		83.528	43	567,155.12	零库存仓库	青岛正元钢铁有限公司	建发（成都）有限公司	D3两湖业务部	D3两
FHD202109081788	已审核		27.26	1	185,095.40	湖南一力股份有限公司	青岛正元钢铁有限公司	建发（成都）有限公司	D3两湖业务部	D3两
FHD202109081787	已审核		27.28	1	185,231.20	湖南一力股份有限公司	青岛正元钢铁有限公司	建发（成都）有限公司	D3两湖业务部	D3两

图 9-40　机器人自动回填处理结果

9.6.4　实施效果

（1）工作日业务高峰时段从原 4 名人员值守处理到改为 1 个 RPA 机器人值守处理，实现每月处理超 5 万笔单据，每月可节省人力约 51 人日。

（2）赋能销售业务数字化管理，提升业务响应时效，客户从下单到收到销售单据的时间从原半小时缩短至 5 分钟内，业务准确率从 99% 上升至 100%，业务全程无人为差错，极大地提升了客户满意度。

第三部分

RPA 的发展趋势

第 10 章

RPA 的发展趋势

2021 年 10 月 19 日，高德纳发布了《2022 年 12 大技术趋势》报告，指出数据结构、网络安全网格、隐私增强计算 、云原生平台、可组合应用程序、决策智能、超自动化、AI 工程、分布式企业、全面体验 、自主系统和生成式 AI 等 12 大技术的发展趋势。其中，超自动化主要包括 RPA、低代码开发平台、流程挖掘、AI 等创新技术，已自 2019 年起连续 3 年入选技术趋势报告，成为入选次数最多技术之一，充分说明超自动化将继续在全球数字化转型浪潮中担任重要角色，超自动化市场将保持高速增长趋势。

10.1　RPA 应用领域发展趋势

RPA 市场比我们想象的规模更大，增长速度也更快。这是因为它不仅涉及自动化平台提供商，而且还涉及使自动化成为可能的所有其他要素组成的整个生态系统，其中包括硬件和软件供应商、IT 集成服务提供商、定制应用开发商、帮助企业更好地利用技术的顾问企业等。

10.1.1　RPA 应用领域的市场投入与规划研究

据高德纳预测，2025 年政府和企业的技术投入将达到 1.65 万亿美元，美国企业和政府的技术预算是国内的 6.4 倍，在数字化转型领域，中国政府企业会加大、加快投入。2022 年，以大数据、AI 为核心的、新的商业及数据智能应用将产生 2.9 万亿美元新市场，市场空间巨大，能提供数字化平台和数据驱动运营建设方案的技术厂商将获得巨大商业机会。

根据中国在已使用 RPA 技术的企业和机构中的调查显示，愿意对 RPA 技术加大投入的中国企业中，约半数企业愿意在 2022 年增加 30% ～ 35% 的预算投入，约 10% 的企业愿意增加 50% 以上的预算投入。大部分企业对 RPA 的技术效能较为肯定，也因此对 RPA 技术持有较为积极的投入态度。当然，更大的市场可以带来更大的机会。以 UiPath 的生态系统为例。2022 年，国际数据公司预计他们的生态系统规模将增长 23 亿美元，相较于 2021 年增速达 46%。到 2025 年，他们预计整个规模将达到 164 亿美元，而累计规模则高达 512 亿美元。

随着 RPA 在各行业的逐步渗透落地，其应用领域广泛扩张，横向覆盖了各个通用职能部门，如财务、采购、人力资源、IT 等，纵向覆盖了各个垂直行业多种业务场景，如金融、制造、地产、物流、零售、政务、医疗等。随着 RPA 技术在更多行业的逐步推广应用，一些企业经过不断探索，已经在一些垂直行业形成了成熟的解决方案。譬如，银行业的征信查询、贷款审批、信用卡审核及反洗钱；保险业的保单数据录入、理赔表单审核、监管报送；证券业的自动开闭市、业务清算、资管系统操作、托管系统操作；政务的一网通办及自助查询；制造业的物料清单生成、采购订单生成及库存管理；零售业的商品信息查询、电商商品上下架、客户服务。一些企业和机构通用职能场景，包括财务管理业务中收付款管理、财务对账、发票验真等，人力资源管理的简历筛选与面试预约、考勤信息管理、薪酬计算与发放等，营销与销售的客户档案管理、智能呼叫中心（call center）等，供应链与采购中的供应商管理、订单管理、库存管理等，IT 管理中的系统运维、软件安装、自动化测试等。如图 10-1 所示。

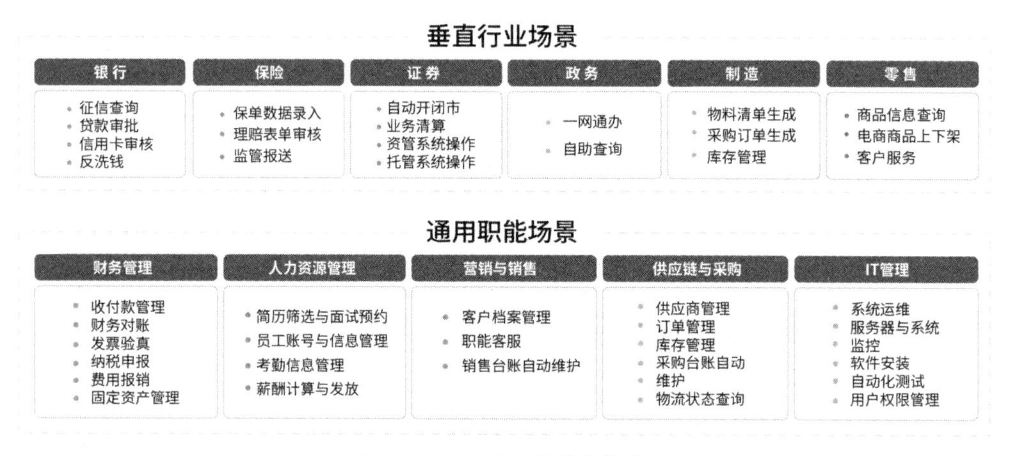

图 10-1 应用领域需求趋势

10.1.2 RPA 应用领域组织架构发展趋势

在企业或机构的数字化转型中，无论是组织的精益化管理，还是业务的高效能运营，都需要实现由自动化到智能化、由技术辅助人工到技术自主作业的演进发展。由于 RPA 表现出相对优秀的技术投入产出比，绝大多数企业更加愿意对该项技术进行持续建设与投入，RPA 行业正在进入快速发展阶段，在国内的企业及机构中， RPA 正在由小范围的应用走向规模化探索与应用的实践中。自动化日益成为国内企业或机构首席级高管和董事会的头等大事，可见大部分企业及机构对 RPA 抱有良好的技术价值愿景。企业领导者希望以正确的方式实现自动化，确保自动化投资充分发挥其潜力，推动数字化转型，同时提高企业的转型敏捷性、效率和收入。为此，许多董事会开始下达“自动化授权令”，目的在于正确规划组织的自动化战略，而企业的首席信息官则被要求负起领导责任，确定如何将自动化技术引入企业。要想将自动化技术引入企业，首席信息官首先必须了解组织内已经存在的许多不同的、不连贯的自动化计划，以及如何才能把它们最好地集中起来并保障其实施。部分企业由此成立了 CoE，以驱动体系化的数字劳动力与数字组织建设。CoE 有 3 个需要优先关注的维度：增长、数字化和效率。

企业的数字化实践不应该只局限于以业务为对象的创新变革，以组织为目标对象的数字升级实践将为企业或机构带来更多的价值，未来企业的生产力将由人类生产力和数字化生产力组成。在组建 CoE 变化模型的理论基础上和实践条件下，企业以 RPA 为切入点，通过数字化孪生组织（digital twin of an organization，DTO）模型思维进行系统化的数字转型，DTO 的打造将成为数字化生产力的核心。RPA 实践作为 DTO 战略的有效切入点，将会推动组织实现体系化的数字升级。因此，我们大力提倡企业或机构以 DTO 为战略愿景进行数字升级实践。

10.2　RPA 行业的发展趋势

10.2.1　RPA 的产品发展趋势

市场需求是 RPA 产品发展趋势的核心决定因素，通过对 RPA 实践者的调研中发现，用户的关注已经从流程机器人的设计转到机器人作业执行的效果分析上来。对于 RPA 厂商来说，通过技术手段对业务流程进行有效的挖掘与执行分析成为重点方向。并且，用户对应用的体验舒适度与功能卓越性提出了更多的期待：比如，代码流程设计模式、多样化的应用选择、IDP 等技术能力的加持、非结构化数据的处理与分析等。流程发现与分析等环节的智能化将成为 RPA 产品的重要探索方向，具备“卓越的智能流程挖掘、高效的流程执行与分析”能力的 RPA 产品将获得更多用户的青睐。

10.2.2　RPA 的业务实践发展演进方向

随着数字化时代的快速变化，劳动力模式也会快速演变，将“数字员工”作为突破性的劳动力模式会成为许多企业的用工新常态。“数字员工”的理念正进一步被各行业广泛接受，未来 10 年有望进入快速增长期，人力数字混合劳动力将成为数字化企业的一种新常态。员工将与虚拟机器人助手并肩工作：分担任务、来回传递工作和开展协作。不过，实现这一目标不能只是简单地依靠技术投入，而是需要真正的变革，包括改变员工的心态、技能、行为，甚至角色。

在不远的将来，具备智慧学习能力的 RPA 应用都将迁移到云上，云计算和 AI 技术都将助力 RPA 平台，企业用户再也不必为基础设施环境和流程的变化而担心 RPA 产品的应用。未来机器人商店或许会替代今天的人力资源招聘网站。在业务实践领域，企业可以依托 RPA 技术的实现理念，结合传统的流程再造和精益流程方法，重新构建一套全新的业务流程体系和运营体系。机器人将把应用系统和软件紧密联系起来，使我们能够彻底重塑流程。目前，大型企业一般会用到 100 多种不同的应用，这些应用独立运行的时候会非常完美，但彼此配合使用需要长时间的磨合。因此，各部门员工需要花费大量时间来弥补它们之间的空缺功能，以便在应用之间传送信息或数据。2022 年以后，技术领先的头部企业将会通过在其所有应用堆栈的顶部添加一个自动化层来解决这个问题。新的自动化层包含各种接口和可重用组件，可以通过链接转向应用和记录系统以及关键的治理、维护和开发功能。通过重用该层的组件，团队可以更快地构建、测试和执行自动化流程，同时确保跨系统的快速连接、可靠通信和数据的一致性。这样不仅使员工能够摆脱枯燥、繁重的工作，而且还使企业或机构能够在自动化基础上构建新的更为科学、更适应当下企业业务发展的流程。

10.2.3 RPA 的生态圈发展趋势

随着数字产业化规模扩大，RPA 软件提供商技术能力以及客户需求的不断扩大，整个 RPA 市场逐渐形成一套从产品到服务，从咨询、实施到维护的生态体系，RPA 生态圈呈爆炸式增长。RPA 领域的上下游厂商，各自依据自身定位，帮助客户解决自动化过程中的相关问题，推动了整个 RPA 生态环境的良性发展。

RPA 生态圈主要包括 3 类参与者：软件提供商、技术合作方、咨询和实施服务提供商，而很多大厂商也会跨界出现在不同类别里，例如，微软既是 RPA 技术合作方，也是低代码应用平台的自动化技术能力的提供商；IBM 既是 RPA 软件服务提供商，也是其他产品的咨询和实施服务提供商，如图 10-2 所示。

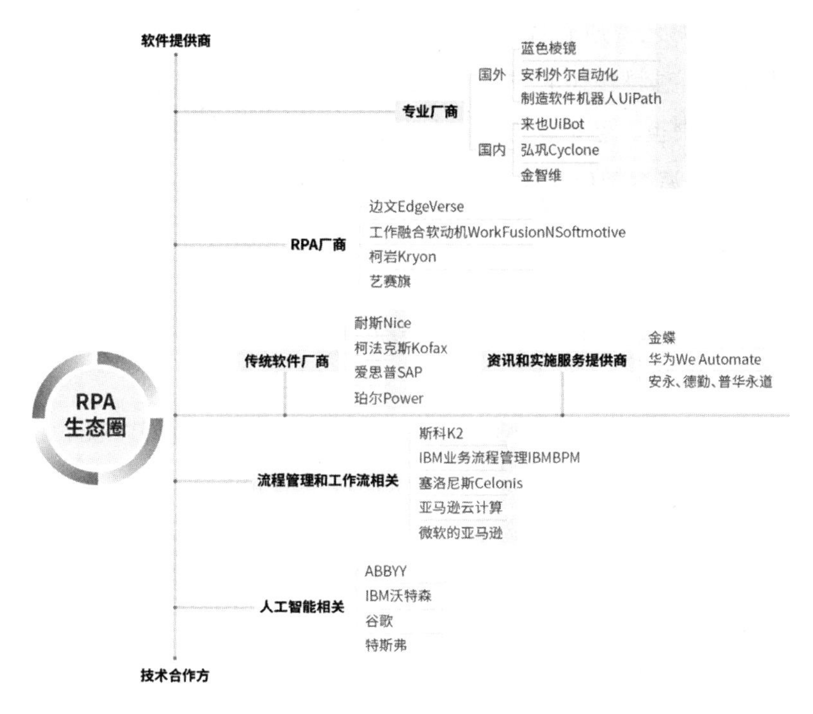

图 10-2 RPA 生态圈

1. 软件提供商

软件提供商在 RPA 生态圈是提供 RPA 软件（以销售许可证（License）为主的厂商）和技术的一方，按照提供商不同的成熟程度，他们可以细化为三类。

第一类是该领域的先行者和领先者，也是 RPA 的专业厂商。例如，国外的蓝棱镜、Automation Anywhere、UiPath，这些厂商共同引领着整个 RPA 领域的发展。RPA 的产品结构、机器人分析、机器人商店、手机端应用、云端服务这些新的产品或理念，无一不是这些头部厂家率先提出的。

第二类是该领域的跟随者，同样还是 RPA 厂商。如 EdgeVerse、WorkFusion、Softomotive、Kryon 等，虽然这些厂商自身具有一定的特色，但在总体上依然在追随第一类提到的三家厂商的脚步。

第三类是传统软件厂商，拓展了自身 RPA 产品线，将 RPA 与传统的软件相结合，提供更完整的技术能力。例如，Nice 是将呼叫中心软件与 RPA 相结合；Kofax、IBM 是将 BPM 软件与 RPA 相结合；思爱普是将 ERP 与 RPA 相结合；微软的 Power 平台是将传统的 Office 办公软件与 RPA 相结合，来实现自动化。

国内的情况也大体类似，虽然这些软件服务厂商成立时间晚于国外，但其发展迅猛程度并不逊于国外厂商。例如，以运维业务起家的金智维，最早做客户服务领域起家的 RPA 厂商上海艺赛旗软件股份有限公司 i-Search，以 AI 产品为依托，拓展其 RPA 产品的达而观信息科技（上海）有限公司和北京阿博茨科技有限公司，以及专业做 RPA 的厂商，如来也、弘玑、上海云扩信息科技有限公司 BotTime、南京英诺森软件科技有限公司、上海容智信息技术有限公司等。

2. 技术合作方

技术合作方指的是能够配合 RPA 提供其他相关技术的软件厂商或者解决方案提供商，可细化为以下几类：

第一类是与 RPA 相结合的 AI 相关技术的提供商。例如，提供 OCR 产品的 ABBYY 和提供 AI 产品的 IBMWatson、谷歌、TensorFlow 等。

第二类是与流程管理和工作流相关技术的提供商。如 K2、IBMBPM、Celonis、Enate 等；以及为 RPA 提供基础云服务的供应商，如亚马逊公司的 AWS、微软公司的 Azure 等。

第三类是数据分析和商业智能软件的提供商。如 Kibana、Kafka、Tableau 等。从国内市场来看，目前与 RPA 厂商合作的还是以 OCR 为主的 AI 技术提供商，而其他几类技术合作方在市场上的声音还较弱，所以未来 RPA 领域发展的空间还是巨大的。

3. 咨询和实施服务提供商

围绕 RPA 软件平台，为企业提供 RPA 相关的咨询服务、自动化流程的实施服务或运维服务的咨询公司或系统集成公司，被称为咨询和实施服务提供商。通常来讲，在 RPA 项目中，客户需要负担的软件服务费用和实施费用比例差不多是 1 ∶ 5，所以咨询和实施服务提供商也参与分享了 RPA 市场份额中较大的一块蛋糕。目前，几乎传统的咨询公司和系统集成商都已经进入这个领域，如传统 ERP 商家金蝶国际软件集团有限公司、“四大”会计事务所中的安永、德勤、普华永道会计师事务所。由于 RPA 对实施人员的技能门槛要求不高，软件产品又易学易用，所以全球在这个领域的咨询和实施服务提供商可以说是数不胜数。

从国内市场来看，从 2018 年开始 RPA 领域的服务厂商逐渐变多。首先是外资公司在国内的分支机构。它们依托于全球的成功案例和成熟的方法论在国内开拓市场，率先在国内推广 RPA 的概念和经验。其次是热衷于该领域的一些初创公司。它们的规模通常不大，但率先发现了 RPA 的发展潜力，并迅速进入 RPA 市场，抢得了第一桶金。最后是一些传统的大型系统集成商。它们为了寻求新的业务转型而进入 RPA 市场，但是由于目前每单 RPA 的服务金额并不是很高，所以还未能引起这些大型系统集成商足够的兴趣。目前，国内大多厂商具有 RPA 实施和运维能力，但是具有咨询服务能力的厂商还不是很多，并且缺乏一定的实施方法论，仍属于不断试错的一个阶段。

除了上述三类以外，参与者其实还包括 RPA 的专业培训机构、机器人商店中的组件或软件插件提供者、专业的学者、市场研究机构和专业媒体等。这些参与者以不同的身份参与到整个 RPA 生态圈环境中，推动着整个 RPA 市场不断前行。RPA 市场广阔，需要在各行各业培养更多兼具 RPA 技术与行业知识的合作伙伴，为了充分推动数字产业化融合，与高职教育，如财务、物流专业等合作培养 RPA 技术人才，也是推动 RPA 生态圈良性发展的开放手段。

10.3 RPA 的技术发展趋势

RPA 中国的调研显示，43.9% 的 RPA 实践者和即将进行 RPA 实践的组织战略决策者们着重考查了厂商的 AI、IDP、OCR、NLP、智能流程挖掘等智能科技能力，其中 AI 和大数据已是当下多数 RPA 厂商的战略方向，RPA 通过与多元技术的融合扩展能力边界来构建更加智能的流程自动化平台，包括自我学习能力的提升、语义自动化分析以及人机协作的工作模式。

10.3.1 RPA 技术与 AI 技术加速融合

RPA 技术和 AI 技术在过去一直被视作相互独立的两个领域，看似不相关的两种技术，实际上二者高度互补，并不矛盾。AI 技术是 RPA 技术快速发展的基石，RPA 技术在 AI 技术的不断加持下，能够实现深度的业务场景覆盖，完成复杂的系统操作和数据获取，达到接近人或超过人的准确率，打破传统 RPA 只能按照特定规则处理业务的局限。AI 技术的主要发展趋势是运算智能、感知智能和认知智能的发展。在不久的将来，RPA 技术在计算机算力和存储能力不断提升的基础上，与感知智能（如语音识别、手写识别、图像识别等）、认知智能（如人机交互、智能阅卷等）相结合，打造出能够模拟人类进行业务决策和业务处理的智能 RPA 机器人。智能 RPA 机器人可以学习人的业务处理经验，协助人类在业务场景下做出判断和决策并完成复杂的系统操作。

从感知智能向认知智能演进已然是 AI 发展的必然趋势，当感知智能出现乏力时，认知智能的出现可以将产业升级拉到快车道。换言之，RPA 技术与 AI 技术相融合是 RPA 与认知智能的加速匹配，认知智能的发展决定了 RPA 技术未来的发展和应用趋势。

10.3.2 促进自我学习能力的RPA

自我学习能力能够把RPA一步带入AI领域。原理上，自我学习系统具有按照自己运行过程中的经验改进控制算法的能力，是自适应系统的延伸和发展。虽然各个厂家也宣称其RPA产品具有自我学习能力，但其实谈到的都是RPA的录制功能，而录制只能算是一种复制式的学习过程。截至目前，市场上尚没有出现能够生成和分配RPA流程的自我学习引擎，但这并不妨碍各个厂商在自我学习这条路上的探索。

理想中的具备自我学习能力的RPA机器人通过观察工作中的人来学习，通过不断重复分析用户操作流程，调整或更正自动化处理流程。通过NLP、ML、知识表示、推理、大规模并行计算和快速域适应（rapid domain adaptation）等技术，RPA机器人会自动提取决策所需的数据，并不断从用户的反馈中学习。创建一个RPA的自我学习机器人，需要使用机器学习或深度学习算法来处理传入的数据，然后对数据进行分析和处理。总之，一个理想的RPA自我学习引擎应该具备以下能力。

（1）可以利用机器人来记录人工处理过程，以及执行流程。

（2）可以分析业务流程并优化，甚至学会自动执行。

（3）在业务流程中识别可复用的对象和处理任务，并保存在集中控制的存储库中。

（4）可以创建业务流程程序库，能够引用可复用的对象或处理任务。

（5）可以自动确定优先级并将相应的流程分配给数字化员工。

（6）当某个用户的使用界面发生变更时，可以警告相关的机器人，并提出解决方案（或自动解决问题）等。

当然，RPA做到完全自我学习非常难，也许根本就不能够实现，但是做到部分自我学习还是有可能的。RPA技术可以通过基于自定义方式的自我学习、结合自动化机器学习、基于学习用户操作过程、基于自动化构建脚本4种思路实现自我学习。

10.3.3 使用云原生架构的RPA

云计算技术也将助力RPA平台，在不远的未来，也许那些具备学习能力的RPA应用都将迁移到云上，用户再也不必为基础设施环境和流程的变化而担心。未来机器人商店或许会替代今天的人力资源招聘网站。在业务领域，企业可以依托RPA技术的实现理念，再结合传统的流程再造和精益流程方法重新构建一套全新的业务流程体系和运营体系。最后，我们将分析这场数字化劳动力革命给企业带来的影响，以及企业该如何应对挑战。容器化和云原生将成为SaaS和非SaaS自动化交付的标配。

目前的市场要求的是本地、云、混合之间的灵活性，没有人希望被锁定于某种特定的交付模式。因此，自动化提供商越来越多地采纳云原生架构，这种架构可以借助容器化和微服务来提供各种平台功能，无论客户希望在什么地方以什么方式获得这些功能。客户不仅现在可以得到他们想要的自动化，而且将来还可以轻松予以变换，无须更改程序或重新培训员工。有了这种架构，即便是本地部署的客户也可以获得类似于云的灵活性、及时性和轻松更新。

2022 年高德纳预计还会有更多的交付创新，旨在简化本地自动化平台的安装、管理和升级，以及降低每一种交付方法的总体拥有成本（total cost of ownership，TCO）。

10.3.4 融入语义自动化分析技术的 RPA

语义分析是一个非常宽泛的概念，任何对语言的理解都可以归纳为语义分析的范畴，所以应该结合具体任务来看什么是语义分析，以及语义分析的结果是什么。

从分析粒度的角度看，可以分成词语级的语义分析、句子级的语义分析，以及篇章级别的语义分析。目前，即使采用拖放式低代码平台，构建复杂的自动化也可能是一个漫长的过程。这是因为开发人员必须告诉机器人需采取的每一个步骤和需遵循的每一条规则。例如，“把这个移动到这里，打开这个，提取那个……”等非常多的操作逻辑。但是有了语义自动化分析技术之后，机器人就可以融合语义自动分析技术，先行掌握规则、语境、模式和关系。“哦，我见过这个业务流程，所以我知道如何完成它。”“嗯，我需要这个特定的信息。好的，我知道在哪里可以找到它。”有了这种语境理解，开发人员（甚至业务用户）就可以要求机器人完成某项任务，并让机器人明白如何完成任务。我们认为，语义自动化分析将是整个行业的一次重大飞跃，它将释放出更多的时间，并将自动化送到更多人的手中。很多 RPA 头部企业已经克服了实现该技术的部分障碍，并在 AI、文档处理和计算机视觉领域取得了比较大的进展，为语义自动化分析打下了坚实的基础。RPA 技术融入语义自动化分析技术具有十分广阔的市场前景，极大地提升了人机交互能力，弥补了应用间的空白功能。

10.3.5 人机协作的虚拟配线

目前，很多使用 RPA 产品的企业员工的工作主要通过各种应用来使用各自独立的 RPA 应用。譬如，从企业数据仓库中提取数据，将其转储于办公软件文件系统，然后通过办公自动化工具进行处理。这是一个工作流程，但不算是一个非常有效的工作流程。然而现在一种全新的工作类型正在崛起，不是员工去找应用，而是任务来找员工——它是一种“虚拟流水线”。虚拟流水线将会把“按需工作”发送到员工的桌面，由机器人给员工推送即时任务。去除应用因素之后，工作不再那么复杂和分散，因此可以减少员工时间的浪费。员工不再需要打开、关闭和浏览大量的应用，不再需要跨越各种应用开展工作并确保工作实际有效，也不再需要费力学习全新的或更新的应用。相反，员工待在同一个地方即可在必要的时候拥有开展工作所需的一切。传统制造业的流水线彻底改变了体力劳动的执行方式和生产能力，“虚拟流水线”将会对数字化工作产生同样的影响。

随着 AI、云计算等技术蓬勃发展，RPA 技术创造的数字员工将会逐渐取代现实世界中需要人类反复机械操作的工作，带领企业完成数字化转型。国内企业现在面临前所未有的劳动力供需历史拐点，开展数字化劳动力转型布局、激活数字员工潜能势在必行。具有前瞻性思维的人力资源管理者已经意识到了这一迫在眉睫的挑战，已经在分析哪些工作将逐渐消失、什么样的新工作将取而代之等状况，开始着手制订多年度数字员工转型计划。因此，随着国内劳动力市场的变化以及企业人力资源意识的变化，RPA 应用领域的市场投入和需求将会逐步扩大，企业建立 RPA 应用领域组织架构 CoE 也势在必行。

随着 RPA 与 AI 技术、大数据技术、云计算技术的融合，RPA 产品的能力边界逐渐拓展，机器人将会具备自我学习能力、语义自动化分析能力和业务决策能力，作为数字员工与人更为顺畅地交互协作完成流水线任务。并且，部署在云原生结构平台的机器人将实现更为快捷便利的交付及升级迭代。技术的融合进步也会推动 RPA 的业务实践多样化的发展，更进一步促进 RPA 生态圈的蓬勃发展。

致　　谢

本书为2021年珠海市产学研合作项目《新一代智能机器人流程自动化（IPA）平台及应用》（项目编号：ZH22017001200164PWC）的阶段性研究成果之一。

本书的撰写得到了珠海金智维信息科技有限公司、广东科学技术职业学院、北京理工大学珠海学院的大力支持，其中廖万里负责全书的策划，曾庆斌、屈文浩负责全书内容结构的审核，陈华政负责撰写第2、3、6、7、8章，邓荣峰负责撰写第4、5章，赵曦负责撰写第1章，熊君丽负责撰写第10章，第9章由陈华政、邓荣峰共同编写。珠海金智维信息科技有限公司的郑灿坤担任插图设计总监，梁思敏、李凝、高洁菁、吴国峰负责插图设计工作，姜志刚、郭挺德、陈坚、吴哲等人在写作期间提供了案例及修改建议，另外要特别感谢清华大学出版社的付潭娇编辑在本书写作过程中给予的精心指导。大家牺牲了自己宝贵的时间，历经多次研讨和反复打磨，最终顺利出版，在此表示深深的感谢！

参 考 文 献

[1] 颜艳春 . 产业互联网时代：新技术如何赋能企业数字化转型 [M]. 北京：中国友谊出版公司，2021：3-9.

[2] 陈雪频 . 一本书读懂数字化转型 [M]. 北京：机械工业出版社，2021：35-39.

[3] “数字员工”渗入行业场景 [EB/OL].(2022-07-17)[2022-07-29].http://www.rpa-cn.com/zuixinzixun/changshangdongtai/2022-07-17/3527.html.

[4] 重塑企业生产力，让员工更有价值 [EB/OL].(2009-04-30)[2022-07-29].https://www.kingsware.cn/about.

[5] 达观数据 . 智能 RPA 实战 [M]. 北京：机械工业出版社，2020：12-16.

[6] Gartner 发布《2022 年 12 大技术趋势》：超自动化连续 3 年入选 [EB/OL].(2021-10-22)[2022-07-29].http://www.rpa-cn.com/zuixinzixun/cyzx/2021-10-22/3213.html.

[7] 郭奕，赵旖旎 . 财税 RPA：财税智能化转型实战 [M]. 北京：机械工业出版社，2020：19-26.

[8] 石跃军 . 政务机器人：RPA 的政务应用 [M]. 北京：知识产权出版社，2020：9-15.

[9] 王言 . RPA：流程自动化引领数字劳动力革命 [M]. 北京：机械工业出版社，2020：31-42.

[10] 朱龙春，刘会福，等 .RPA 智能机器人：实施方法和行业解决方案 [M]. 北京：机械工业出版社，2020：21-27.

[11] 中华人民共和国国民经济和社会发展第十四个五年规划和 2035 年远景目标纲要 [EB/OL].(2021-03-13)[2022-07-29].http://www.gov.cn/xinwen/2021-03/13/content_5592681.htm.